U0337604

国家能源集团煤矿智能化建设三年行动计划(2023—2025年)与创新实践成果汇编(2023年)

国家能源集团煤炭与运输产业管理部　煤矿智能化办公室　**组织编写**

中国矿业大学出版社

· 徐 州 ·

图书在版编目(CIP)数据

国家能源集团煤矿智能化建设三年行动计划(2023—2025 年)与创新实践成果汇编. 2023 年 / 国家能源集团煤炭与运输产业管理部,煤矿智能化办公室组织编写.—徐州:中国矿业大学出版社,2024.6. —ISBN 978-7-5646-6305-6

Ⅰ. TD82-39

中国国家版本馆 CIP 数据核字第 2024S18X97 号

书　　名	国家能源集团煤矿智能化建设三年行动计划(2023—2025 年)与创新实践成果汇编(2023 年)
组织编写	国家能源集团煤炭与运输产业管理部　煤矿智能化办公室
责任编辑	章　毅
出版发行	中国矿业大学出版社有限责任公司
	(江苏省徐州市解放南路　邮编 221008)
营销热线	(0516)83885370　83884103
出版服务	(0516)83995789　83884920
网　　址	http://www.cumtp.com　**E-mail**:cumtpvip@cumtp.com
印　　刷	苏州市古得堡数码印刷有限公司
开　　本	787 mm×1092 mm　1/16　**印张** 8　**字数** 201 千字
版次印次	2024 年 6 月第 1 版　2024 年 6 月第 1 次印刷
定　　价	34.00 元

(图书出现印装质量问题,本社负责调换)

编写委员会

主　　编　杨　鹏

副 主 编　李新华　郭　焘　段宏海

参编人员　（以姓氏笔画为序）

丁　震　　王海春　　王　辉　　石文堃　　白仁喜

白应光　　刘　江　　刘　洋　　李文卓　　吴晓旭

张建中　　张瑞环　　陈为高　　孟广瑞　　赵万里

徐化雨　　徐钟馗　　高昌平　　高　强　　曹正远

曹艳军　　崔　杰　　韩　磊　　覃　杰　　廖志伟

薛二龙

前　言

　　为深入贯彻习近平新时代中国特色社会主义思想，全面落实国家发展改革委等八部门联合印发的《关于加快煤矿智能化发展的指导意见》和国家矿山安监局等七部委联合印发的《关于深入推进矿山智能化建设 促进矿山安全发展的指导意见》，国家能源集团煤炭与运输产业管理部组织编写了《国家能源集团煤矿智能化建设三年行动计划（2023—2025 年）与创新实践成果汇编（2023 年）》，以期在智能化煤矿建设领域迈出坚实步伐，为行业的转型升级和高质量发展提供动力。

　　本书不仅是对过去一段时间内国家能源集团在煤矿智能化方面探索与实践的总结，更是对未来发展方向的明确规划。书中详细规划了 2023—2025 年的智能化建设目标、重点任务和保障措施。创新实践成果部分展示了国家能源集团在煤矿智能化领域取得的一系列创新成果，这些成果体现了国家能源集团在技术创新、管理创新方面的努力，更是对智能化煤矿建设实践成效的有力证明。国家能源集团将以更高水平、更大力度、更实举措，全力推动煤矿智能化建设，进一步提高煤炭安全、高效、绿色、智能开采水平，为我国煤炭工业高质量发展做出新的贡献。

　　书中疏漏之处，恳请广大读者批评指正。

编写委员会

2024 年 6 月

目　　录

第一篇　国家能源集团煤矿智能化建设三年行动计划(2023—2025年)

为深入贯彻 2022 年全国矿山智能化建设和安全发展推进视频会精神,全面落实《关于加快煤矿智能化发展的指导意见》(发改能源〔2020〕283 号)要求,持续巩固"五个100％"建设成果,夯实信息基础设施建设、推进智能采掘领航领跑、突破透明地质技术瓶颈、补齐灾害综合预警"短板",全面推动煤矿智能化建设向纵深发展,制订本行动计划。

一、总体要求

(一)指导思想

以习近平新时代中国特色社会主义思想为指导,全面贯彻党的二十大精神和"四个革命、一个合作"能源安全新战略,以集团公司"一个目标、三型五化、七个一流"总体发展战略为主线,深入落实国家能源集团(以下简称集团公司)"41663"总体工作方针(深化"四保一大"发展路径、做好"六个到位"标准要求、做实"六个聚力"重点工作、建强"三支队伍"重要力量),以科技创新为动力,以场景应用为着力点,以"减人、增安、提效"为根本目的,突出"稳健、协同、赋能、提质"工作导向,赋能"煤电运化——世界一流专业领军企业"建设,分类施策促进智能化建设深度和广度,全面提升煤矿智能化水平和安全保障能力,实现集团公司煤炭产业安全、高效、绿色、智能的高质量发展,引领煤炭工业生产和技术革命。

(二)基本原则

——坚持顶层设计。坚持系统思维,统筹兼顾本行动计划与《煤矿智能化建设指南(2021 版)》,科学谋划、因矿施策,明确建设目标、任务和路径,"一张蓝图"绘到底,构建集团—矿区—煤矿三级智能管控体系。

——坚持科技赋能。加强"产学研用"深度融合,推进跨界合作、融通创新,聚焦煤矿地质透明化、采掘作业少人化、灾害预警精准化、险重作业机器人化,加强关键技术攻坚破壁,实现核心科技自主可控,引领煤矿智能化技术发展方向。

——坚持模式引领。丰富并完善煤矿智能化"1235"建设模式(一套体系全面统筹、两种模式激发创新、三类煤矿示范引领、"五位一体"高效推进),建立健全责任链条和工作机制,持续开展管理创新、模式创新,推进全方位、全流程数字化转型和智能化建设。

——坚持示范带动。强化智能采掘、灾害预警、无人驾驶、机器人替代等领域示范引领,持续开展示范工程建设。总结凝练先进实用技术、典型建设模式和优秀管理经验,坚持试点先行、以点带面、辐射引领,推动智能化向全系统、全产业延伸。

——坚持滚动发展。结合行业趋势总结建设经验,持续调整工作规划,优化建设路径,完善建设模式,多措并举、压茬推进、滚动发展,确保灵活适应形势变化,保障煤矿智能化建设持续稳定推进,助力煤炭产业高质量发展。

二、行动目标

(一)总体目标

未来三年(2023—2025年)集团公司煤矿智能化水平显著提升,中级智能化煤矿建设全面铺开,高级智能化煤矿实现"零"的突破,煤矿智能化助力"减人、增安、提效"取得明显成效,作业人员持续精简,生产事故有效遏制,回采工效不断提高。

到2025年,煤矿智能化建设实现"双百"目标——示范煤矿100%实现高级智能化,其他煤矿100%实现中级智能化;入井(坑)作业人员减少2 000人以上,危险繁重岗位机器人替代率达到50%,回采工效提升15%以上。

(二)年度目标

2023年,建成中级智能化煤矿16座(含露天煤矿3座);入井(坑)作业人数减少500人以上,危险繁重岗位机器人替代率达到20%,回采工效提升5%以上。建成神东保德"588"智能化标杆煤矿(5类灾害条件下实现单班80人年产800万t)。

2024年,建成高级智能化煤矿8座(含露天煤矿2座),中级智能化煤矿16座(含露天煤矿2座);入井(坑)作业人数减少700人以上,危险繁重岗位机器人替代率达到40%,回采工效提升10%以上。宁煤麦垛山煤矿成为安全类高级智能化示范煤矿。

2025年,实现"双百"目标。建成高级智能化煤矿9座(含露天煤矿2座),中级智能化煤矿38座(含露天煤矿11座);入井(坑)作业人数减少800人以上,危险繁重岗位机器人替代率达到50%,回采工效提升15%以上。建成准能黑岱沟露天"423"(穿采运排4工艺环节、采剥2亿m^3、坑下作业300人)示范煤矿。

2023—2025年煤矿智能化提升目标见表1-1。

表1-1 2023—2025年煤矿智能化提升目标

年度	煤矿名称	目标
2023年	神东煤炭大柳塔煤矿、补连塔煤矿、上湾煤矿、保德煤矿、锦界煤矿,宁夏煤业枣泉煤矿、红柳煤矿、麦垛山煤矿、金凤煤矿,国神公司准东二矿,乌海能源黄白茨煤矿、老石旦煤矿,新疆公司乌东煤矿,雁宝能源宝日希勒露天煤矿,准能集团黑岱沟露天煤矿,神延煤炭西湾露天煤矿	中级
2024年	神东煤炭大柳塔煤矿、保德煤矿、锦界煤矿、上湾煤矿,乌海能源老石旦煤矿,宁夏煤业麦垛山煤矿,神延煤炭西湾露天煤矿,准能集团黑岱沟露天煤矿	高级
	神东煤炭榆家梁煤矿、哈拉沟煤矿、布尔台煤矿、寸草塔煤矿、寸草塔二矿、乌兰木伦煤矿、石圪台煤矿、柳塔煤矿,榆林能源郭家湾煤矿,乌海能源利民煤矿、公乌素煤矿,包头能源李家壕煤矿,焦化公司棋盘井煤矿东区、棋盘井煤矿西区,平庄煤业贺斯格乌拉南露天煤矿,准能集团哈尔乌素露天煤矿	中级

表 1-1(续)

年度	煤矿名称	
2025 年	神东煤炭补连塔煤矿,宁夏煤业枣泉煤矿、金凤煤矿、红柳煤矿,乌海能源黄白茨煤矿,新疆公司乌东煤矿,国神公司准东二矿,雁宝能源宝日希勒露天煤矿,胜利能源胜利一号露天煤矿	高级
	包头能源万利一矿、神山露天煤矿,榆林能源青龙寺煤矿,宁夏煤业羊场湾煤矿一号井和二号井、梅花井煤矿、白芨沟煤矿、石槽村煤矿、双马煤矿、金家渠煤矿、清水营煤矿、灵新煤矿、任家庄煤矿、红石湾煤矿,平庄煤业六家煤矿、老公营子煤矿、西露天煤矿、元宝山露天煤矿、胜利西二号露天煤矿、白音华一号露天煤矿,国神公司三道沟煤矿、上榆泉煤矿、敏东一矿、沙吉海煤矿、大南湖一矿、黄玉川煤矿,乌海能源五虎山煤矿、骆驼山煤矿,新疆公司宽沟煤矿、屯宝煤矿,国电电力察哈素煤矿,雁宝能源雁南煤矿、扎尼河露天煤矿,国神公司大南湖二号露天煤矿、朝阳露天煤矿,新疆公司准东露天煤矿、红沙泉露天煤矿、黑山露天煤矿	中级

三、十大攻坚行动

(一)信息基础设施夯实行动

煤矿信息基础设施是智能化建设的核心基础,在数据记录存储、分析决策支撑方面发挥着重要的作用,应加速改变煤炭安全生产和经营管理方式。目前,智能化管控平台系统兼容性差,硬件、软件、网络无法有效配套融合;数据中心没有互通共享,算力不足,数据利用率低,价值未充分挖掘;井下基础网络覆盖不全,新一代高速无线通信网络应用场景缺失。因此,需聚焦产业数字化转型,全面部署感知终端、工业互联网基础设施,加快云计算中心和大数据平台建设,积累数据资产,构建数据地图和煤矿智能化知识图谱,开发大数据分析、AI(人工智能)识别及新一代无线网络场景应用。

2023—2025 年信息基础设施夯实行动提升计划见表 1-2。

表 1-2　2023—2025 年信息基础设施夯实行动提升计划

年度	目　标
2023 年	45 座煤矿部署三级管控平台;16 座煤矿搭建边缘云数据中心;45 座煤矿部署万兆级工业环网＋"一网一站";16 座煤矿网络安全达到等级保护二级
2024 年	66 座煤矿部署三级管控平台;35 座煤矿搭建边缘云数据中心;66 座煤矿部署万兆级工业环网＋"一网一站";35 座煤矿网络安全达到等级保护二级;人工智能应用场景不低于 20 项,新一代高速网络＋创新应用场景超过 20 处
2025 年	70 座煤矿部署三级管控平台;70 座煤矿搭建边缘云数据中心;70 座煤矿部署万兆级工业环网＋"一网一站";70 座煤矿网络安全达到等级保护二级;人工智能应用场景不低于 50 项,研发新一代高速网络＋创新应用场景不低于 50 处

1. 打造三级智能化管控平台

采用三级部署模式,按照集团标准统一数据和工业互联网构架,打造全局态势感知、全域精准预警、分级分类、多业务一体化协调运营的智能一体化管控平台。集团层面以基石系统为基础,以业务需求为导向,以运营计划为牵引,开发部署智能一体化管控平台。基于集团统一规划,各涉煤公司应以实时化、在线化为出发点,部署建设涵盖生产运营、设备运行、安全管理、分析可视的区域管控系统,实现对煤矿生产运营动态的实时监控;各煤矿应接入采、掘、穿、爆等生产环节专业子系统,构建"可视、可控、可算"的协同驱动煤矿数字孪生平台。截至2025年,三级平台部署率达到100%,各示范煤矿达到高级智能化,其他煤矿达到中级智能化。

2. 全面构建边缘云数据中心

加快构建煤炭产业数据云边体系,基于统一数据标准打造全局数据视图,完善煤炭产业数据资源采集、存储、计算、管理、访问、人工智能服务功能,建设具备全面采集、实时共享、可视分析、深度挖掘等功能的边缘侧煤矿数据中心。合理利用地域风冷、水冷等有利资源建设一个承载大数据融合、AI训练、数据治理的集团级大数据中心,辐射联通矿井级边缘云数据中心,统一管理本地应用数据,为矿井安全生产管理提供算力,持续拓展数据中心在系统运维、数据分析、人工智能等方面的应用空间。截至2025年,煤矿边缘云数据中心完成率达到100%,人工智能应用场景不低于50项。

3. 推动有线无线"1+N"融合

开展新一代高速网络、切片技术示范应用,迭代升级工控环网,全面推进万兆级网络建设,推进高速无线网络全覆盖,构建"1个万兆有线+N个无线"融合的煤矿融合通信网络。新建及改造升级信息系统,推广应用"一网一站一机一卡"(1个工业环网+1个基站+1部手机+1张卡),露天煤矿推广应用新一代高速无线通信网络;统筹网络安全管理,构建"敏感数据自识别、数据风险自评估、保护策略自执行、泄漏事件自审计"的工控网络安全防护系统。截至2025年,煤矿万兆级工业环网、"一网一站"系统使用率达100%(2022年前已完成网络升级改造的煤矿除外),建成保德煤矿、准东二矿两个新一代高速网络技术示范煤矿。

(二)透明地质保障破冰行动

透明地质保障系统是实现采掘作业智能化和灾害预警精准化的重要支撑。针对地质信息探测精度不够,数据数字化程度较低,数据采集与接口标准缺乏,综合地质模型构建能力不足,数据动态更新困难,与采掘、灾害预警等领域开发应用融合不深等诸多问题,目前应提高地质资料的数字化水平和探测装备的智能化程度,加强地质信息和工程信息融合应用,拓展透明地质在数字孪生、通防专业、采掘设计与接续、三级(矿区、矿井、工作面)透明可视化表达技术上的融合应用,推广高精度地质探测和地质建模技术,不断促进煤矿少人化、无人化技术创新突破和安全管理水平的再提升。

透明地质保障破冰行动提升计划见表 1-3。

表 1-3　透明地质保障破冰行动提升计划

年度	目标	
	动态勘探技术与装备(具有自动采集、上传、存储、分析和采掘面地质异常体实时监测能力)	数字化工程与软件建设(实现水文地质属性、三维储量管理等 9 项功能)
2023 年	13 座中级智能化井工煤矿全面应用	13 座中级智能化井工煤矿实现上述软件功能。所有煤矿完成历史资料的数字化
2024 年	19 座中级、8 座高级智能化煤矿全面应用	27 座中、高级智能化煤矿实现上述软件功能
2025 年	32 座中级、8 座高级智能化煤矿全面应用	40 座中高级智能化煤矿实现上述软件功能。神东煤炭保德煤矿、宁夏煤业麦垛山煤矿、乌海能源黄白茨煤矿、新疆公司乌东煤矿等 4 个安全示范煤矿还要实现地质隐蔽属性透明表达、地质预测预报等功能

1. 全面推广精准探测技术

提高探测装备的智能化水平和探测精度,重点推广长掘长探、随掘随探、随采随探、微震监测、电法监测、水文监测、激光扫描等探测技术,加强地质异常体远距离动态探测,推动致灾因素全时空监测预警。水文及地质构造相对复杂煤矿,加快配置智能钻探和随采随掘探测装备,加快部署高精度地质监测网,对地质构造、采空区、富水区、高温异常区、瓦斯富集区、应力集中区等隐蔽致灾因素实施精准探测、动态监测。截至 2025 年,水文及地质构造相对复杂掘进工作面的超前探测距离不小于 300 m,地质异常体预报准确率超过 80%。

2. 全面建设地质保障系统

以钻探、物探、测量、地质监测、地质写实等多源数据融合为基础,加强地质数据与工程数据深度融合,构建统一的地质数据库、高精度三维模型和大数据云平台,实现数据共享和模型动态更新。各涉煤公司加快完成历史资料数字化,构建包含探测技术与装备、地质建模、储量动态管理、灾害联动预警等模块的地质保障系统,分时、分区、分级逐步实现工作面、采区、矿井的地质透明化。乌海、神东矿区优先建设地质保障示范工程,截至 2025 年,井工示范煤矿、灾害严重煤矿的地质保障系统具备指导智能采煤、智能掘进和灾害预警的能力。

3. 加快透明地质融合应用

以透明地质保障系统为基础,结合高精度三维地质建模、模型动态更新、地质信息同步映射和数字孪生技术,开发部署采掘地质导航、钻探工程设计、储量动态管理、地质预测预报、灾害超前预警和综合防治等应用场景,全面支撑透明工作面、透明矿井建设。各涉煤公司以生产需求为导向,加快透明地质保障系统在采煤、掘进、通风、边坡、灾害防治等系统中的融合应用。截至2025年,示范煤矿、灾害严重煤矿透明地质保障系统能为智能采掘(剥)提供较精准的地质模型,采掘干预率降低15%,自动化率提高15%,实现5类灾害预警有效融合;其他煤矿至少推动2个透明地质保障系统应用场景落地见效。

(三)采煤"530"迈进行动

全面推动智能采煤工作面"5人采煤"向"3人采煤"迈进,奋力创建"0人采煤"试点工作面,打造安全、高效、无人化工作面(综放工作面按照"752"目标建设)。少人无人化采煤是煤矿智能化发展的必然趋势。当前,集团公司同步开展不同地质条件下多种开采工艺的智能采煤技术实践,面对无人化工作面建设推进慢、中高级智能化工作面占比低、人工干预率高、两巷作业劳动强度大等问题,同时受地质构造多变、围岩条件复杂、风险灾害因素多等影响,部分煤矿采煤工作面用工人数依然较多、作业危险系数普遍较高,应加快煤岩智能识别、AI自主割煤、惯性导航巡迹定位、支架自动校直、三维数字孪生等智能采煤关键核心技术攻关,推动端头支护、超前支护、管线拆装、钻孔施工、排水清淤、供电供液、列车拉移等辅助作业少人无人化,推进智能装备全工艺全场景应用。

采煤"530"迈进行动提升计划见表1-4。

表1-4 采煤"530"迈进行动提升计划

年度	类别					
	智能化工作面建设	自动化率	人工干预率	辅助作业机器替代率	两巷作业人数	人员工效
2023年	中级占比达50%	80%	30%	示范煤矿及简单(或中等)地质条件煤矿达到40%,其他煤矿达到20%	降低10%	提升5%
2024年	高级2座,中级占比达70%	85%	20%	示范煤矿及简单(或中等)地质条件煤矿达到50%,其他煤矿达到30%	降低15%	提升10%
2025年	高级3座,中级占比达100%	90%	15%	示范煤矿及简单(或中等)地质条件煤矿达到60%,其他煤矿达到40%	降低20%	提升15%

1. 推进采煤"两率"一升一降

加快透明开采、自主割煤、智能决策、惯性导航等智能采煤技术应用,推广全景视频跟机、地面远程操作、"多岗合一"、千兆网络型电液控制系统、综采巡检机器人等,提升工作面多机多系统协同水平。地质条件简单的薄及中厚煤层工作面试点建设"0人采煤"模式,其他工作面统筹安全与生产实际,推广"3人采煤"模式。截至2025年,自动化率提升至90%,人工干预率降低至15%;建成5处高级智能化综采工作面;其他工作面实现中级智能化。

2. 推进两巷作业机器人化

加快采煤工作面两巷作业机器人替代进程,全面推动超前支护自动化、管路拆装机械化等技术应用,降低辅助作业劳动强度和人员数量。各涉煤公司要全面推广设备列车自移装置、管缆自动收储、自动超前支护、远程供电供液、综采辅助作业机器人等技术装备。示范煤矿及简单(或中等)地质条件煤矿采煤工作面两巷作业全面推进机器人化,其他煤矿因矿施策推动辅助作业机械化、自动化、机器人化,截至 2025 年,示范煤矿及简单(或中等)地质条件煤矿采煤工作面辅助作业实现 60％机器人化,其他煤矿实现40％机械化、自动化,两巷作业人数降低 20％左右。

3. 推进全工艺全场景智能化

推进采煤全工艺全场景智能化,重点推动充填开采、小煤柱开采、无煤柱开采、大倾角急倾斜煤层等工艺场景与智能化技术深度融合,研发特定地质条件下智能开采工艺和成套装备,推动采煤全工艺流程(割煤、放煤、装煤、运煤、支护、充填)智能化。各涉煤公司要结合煤矿实际,按条件推广补连塔(等高工作面)、榆家梁(薄煤层无人工作面)、大柳塔(大采高智能化工作面)、黄白茨(沿空留巷开采)、枣泉(大倾角开采)、乌东(急倾斜开采)等煤矿的智能化采煤技术,实现智能化采煤技术全场景覆盖。截至 2025 年,采煤全工艺全场景智能化率达到 100％。

(四)掘进"975"跨越行动

掘进"975"跨越行动即智能掘进工作面 9 人作业向 7 人作业转变;掘锚工作面(含连掘)行人栅栏以里实现 5 人作业。安全高效智能掘进工作面建设,是目前煤矿智能化建设的短板,也是煤矿智能化建设的重点和难点。目前,各掘进工作面还存在着工作环境恶劣、装备国产化程度低、协议接口不统一、自动化程度低、人工支护劳动强度大、交叉作业风险多等制约掘进自主化、智能化发展进程的问题,需要探索自动截割、自主导航、智能支护、大断面一次成巷等先进适用的掘进智能装备和工艺,推广钻锚一体、掘支平行、探掘并行、远程集控、负压除尘、人员接近防护等先进工艺技术,实现工作面少人、高效、安全掘进。

掘进"975"跨越行动提升计划见表 1-5。

1. 推广掘支平行工艺装备

突破掘进设备自主定姿定位、自动截割,支护系统自动铺网钻孔等技术壁垒,精简支护流程,优化掘支运工序,构建掘进设备常态化远程控制、支护设备全流程自动、掘进系统全设备协同的平行掘进工艺。各煤矿要按照掘支运空间平行、时间效率匹配原则,加强钻锚工序一体化技术装备示范应用和装备间多机协同控制系统研发。煤巷单巷掘进推广应用"掘锚一体机＋智能锚杆转载机组＋大跨距桥式转载机"的掘支运一体化快掘系统;全岩巷道试点应用全断面硬岩掘进机(TBM);半煤岩巷道研发应用掘支平行作业工艺及装备。截至 2025 年,岩巷、半煤岩巷和煤巷月进尺分别提升 17％、13％和 10％。

表 1-5 掘进"975"跨越行动提升计划

年度	类别							
	自主掘进人工干预率		掘进自动化率		险重岗位机器人替代率		工作面单班作业人数	
	示范及简单(或中等)地质条件	其他工作面	示范及简单(或中等)地质条件	其他工作面	示范及简单(或中等)地质条件	其他工作面	示范及简单(或中等)地质条件	其他工作面
2023 年	降低 5%	降低 3%	提高 10%	提高 5%	达到 20%	达到 10%	5 人(综掘 2 人,锚运破一体机增加 3 人)	7 人(综掘 3 人,锚运破一体机增加 4 人)
2024 年	降低 10%	降低 6%	提高 15%	提高 10%	达到 30%	达到 25%		
2025 年	降低 15%	降低 10%	提高 20%	提高 15%	达到 50%	达到 40%		

2. 推进掘进作业远程集控

持续推动掘进及配套设备高端化、自动化,构建视频智能识别、环境精准感知、装备多机协同、场景三维可视的远程集控掘进模式,推动智能掘进工作面"9 人作业"向"7 人作业"迈进。各涉煤公司加快掘进工作面的人员行为 AI 分析识别技术、虚拟现实技术研发应用,加快推广掘进集控系统人机智能交互、画面协同控制、一键智能启停等技术应用,保障掘进作业远程集控常态化运行。截至 2025 年,示范及简单(或中等)地质条件掘锚(含连掘)工作面行人栅栏以里实现 5 人作业(综掘工艺为 2 人作业,使用锚运破一体机的快掘工艺增加 3 人作业),掘进综合自动化率提高 20%,人工干预率降低 15%,其他煤矿掘进工作面全面实现单班 7 人作业(综掘工艺为 3 人作业,使用锚运破一体机的快掘工艺增加 4 人),掘进自动化率提高 15%,自主掘进人工干预率降低 10%。

3. 强化掘进安全保障能力

重点突破高精度感知、掘进与支护机器人、多工序协同控制等技术难题,推广 AI 识别、精确定位系统,全程保障人员安全,应用智能辅助装备,降低险重任务人员参与度,构建致灾因子精准感知、危险因素精确预警、人机协作精细匹配的安全保障体系。各煤矿要完善工作面人机协作、时空交叉作业等安全防护设施,梳理编制掘进险重作业替代清单,推动超前钻探、掏槽、电缆收放、物料搬运等作业机器人化,融合透明地质、灾害预警系统,动态监测、预测预报掘进工作面重大灾害。截至 2025 年,危险区域及作业工序安全防护实现全覆盖,灾害识别预警率提高 30%,示范及简单(或中等)地质条件掘进工作面,险重岗位机器人替代率达到 50%,其他煤矿掘进工作面险重岗位机器人替代率达到 40%。

(五)灾害预警屏障加固行动

煤矿生产环境复杂,多种灾害并存,灾害预警系统作为煤矿发现潜在危险因素、降低事故发生率的重要管控手段,是保障煤矿安全生产的重要支撑。现有的各类监测传感器监测精度低,监控范围局限、稳定性差,各类型监测子系统相对分散独立,多参量联合监测的灾害精准预警系统建设尚处于起步阶段,缺乏统一的融合预警平台,需瞄准瓦斯"零超限"、煤层"零突出"、井下"零水害"、煤岩"零冲击"目标,重点攻克终端多数据自动采集、综合分析技术,跨系统数据交互、通信融合技术和基于大模型分析的灾害识别与人机交互技术;强化灾害精准感知、建立通风保障体系、推动多元化融合预警平台建设,筑牢煤矿生产基础屏障。

灾害预警屏障加固行动提升计划见表1-6。

表1-6　灾害预警屏障加固行动提升计划

年度	类　　别				
	通风巡检、测风、瓦检等作业人员	风险隐患识别准确率	风险隐患人工排查工作量	监测种类、范围覆盖率	灾害识别及预警成功率
2023年	示范及高突矿井减员15%,其他煤矿减员10%	提高20%	减少20%	40%	提高10%
2024年	示范及高突矿井减员20%,其他煤矿减员15%	提高30%	减少40%	50%	提高15%
2025年	示范及高突矿井减员30%,其他煤矿减员20%	提高40%	减少50%	60%	提高20%

1. 完善智能通风联动体系

推广风量、风速、风压等高灵敏、多参数精准监测装置,建立全自动高效测风系统;推动风网数据在线分析、设施连续精准调控、分风解算和通风反演;部署通风网络三维决策管控平台,实现"监测-分析-预测-联动"一体化。示范及高突矿井通风感知仪表全部实现在线监测,风门、风窗等通风设施搭载通风数字模型和网络解算平台,全部实现远程调控;测风、调风、控风、巡检作业全部实现智能化替代。截至2025年,示范及高突矿井通风巡检、测风、瓦检等作业减员30%,其他煤矿通风巡检、测风、瓦检等作业减员20%。

2. 推动安全监测精准感知

强化水文地质、高温热源、瓦斯粉尘、冲击地压、山体滑坡(露天煤矿)等致灾因子监测感知能力,探索多参量立体感知、多类型数据深度融合、云边协同分析计算等关键技术,推广应用高精度、高可靠、低功耗的智能传感器。灾害严重的煤矿全面应用机器视觉识别、AI智能分析(片帮告警、堆煤检测、人员违章、区域入侵等)、人员精准定位等技术,提升灾害精准预测预报能力,并进一步推动数据深度分析与耦合应用,实现重点区域风险隐患精准感知、安全态势综合研判和安全隐患超前治理。截至 2025 年,所有煤矿风险隐患识别准确率提高 40%,人工排查工作量减少 50%。

3. 推进煤矿灾害融合预警

全面集成煤矿灾害防治监测监控数据,构建预警指标体系及 AI 算法,采用物联网＋大数据分析、AI 等技术,构建模型算法自学习、致灾因素可溯源的灾害融合预警模型。全面部署设备接口统一、数据格式一致和通信协议兼容的灾害监测设施,实现硬件联通、数据贯通、功能融通;基于"云—边—端"三位一体联合部署架构,迭代升级风险灾害融合预警功能,实现一站式高度集成、统一承载,具备瓦斯、水、火、冲击地压等灾害风险自动辨识、超前预警、原因追溯,以及灾变情况自动判识、避灾路线自动规划、应急联动智能控制等功能。截至 2025 年,所有煤矿重大灾害监测种类、范围覆盖率达到 60%,数据融合度提高 40%,灾害识别及预警成功率提高 20%。

(六)生产辅助效能提升行动

煤矿生产辅助包括井下供配电、供排水、主运输、辅助运输、压风、注氮、注浆、充填、矿井水处理、通风设施维护、路巷维护、消防除尘等诸多劳动密集型作业,具有系统分布广、岗位人数多、劳动强度大、作业效率低、安全风险高等特点,需研发智能设备自感知、自诊断、自执行技术,实现单机免巡检自维护,同时研究应用智能化系统多机互联、精准预警的云巡检技术,实现提前预防、精准检修、高效维护。加快推进高风险、重体力劳动机器人化,推动各环节作业从劳动密集型向技术密集型转变,将员工从危险繁重的体力劳动中解放出来。

生产辅助效能提升行动计划见表 1-7。

表 1-7　生产辅助效能提升计划

年度	类　　别				
	生产辅助系统巡检人数	险重岗位机器人替代率	固定设备		示范煤矿辅助运输胶轮化、电动化
			免巡检自维护覆盖率	异常次数	
2023 年	减少 10%	示范煤矿达到 30%,其他煤矿达到 20%	示范煤矿达到 30%,其他煤矿达到 15%	降低 10%	胶轮化达到 60%,电动化达到 20%
2024 年	减少 20%	示范煤矿达到 45%,其他煤矿达到 30%	示范煤矿达到 40%,其他煤矿达到 25%	降低 20%	胶轮化达到 70%,电动化达到 40%
2025 年	减少 30%	示范煤矿达到 60%,其他煤矿达到 40%	示范煤矿达到 50%,其他煤矿达到 30%	降低 30%	胶轮化达到 90%,电动化达到 50%

1. 推进险重作业机器人化

聚焦煤矿生产一线需求和典型作业场景,坚持"四用"(急用、实用、好用、管用)原则,加大核心科研攻关力度,拓展机器人作业功能和适用范围,提高应用密度,形成研发一代、试用一代、装备一代的良性发展模式。各涉煤公司梳理高风险、重体力作业岗位清单,攻克密闭砌筑、风桥支模、混凝土摊铺、大块破碎等机器人替代的关键核心技术,全面推广应用喷浆、掘槽、钻锚、管路安装、物料搬运、气体检测、应急救援、路巷清理、管路清理、水仓清理、穿孔爆破等复杂环境下成熟应用的机器人装备,降低劳动强度,改善作业环境,提高工作效率,消除安全风险。截至2025年,示范煤矿险重岗位机器人替代率达到60%,其他煤矿险重岗位机器人替代率达到40%。

2. 推动单机免巡检自维护

全力推动煤矿装备高端智能绿色发展,研发应用智能感知、智能决策、自动维护、低碳节能的新型装备,着力打造设备状态全监测、指标数据全分析、业务流程全数字的精益化管理模式。各煤矿推进开关、电机、减速器、水泵、滚筒等单机设备感知传感器、综合保护器、控制器的迭代升级,实现设备温度、振动、电流等关键运行数据的在线自动监测分析。电机、减速器、滚筒等大型主要部件实现精准自动润滑,推广永磁同步电机、永磁直驱滚筒等绿色高效设备的应用,简化设备维护程序,提升设备保养精度,延长设备生命周期,保障单机设备免巡检、免维护模式实施落地。截至2025年,机电设备"三率"(综合完好率、开机率、故障率)实现"两升一降",示范煤矿固定设备免巡检自维护覆盖率达到50%,其他煤矿固定设备免巡检自维护覆盖率30%,设备异常次数降低30%,新购置设备宜具备巡检自维护功能。

3. 推广"一人一区"巡检模式

推进单机控制与集成应用系统深度融合,开发各生产辅助环节系统模型,建设状态全面感知、运行智能决策、异常智能预警、信息精准投递的智能生产辅助系统。各涉煤公司要推进供配电、供排水、运输、压风、注氮、注浆等辅助系统的智能化管控平台建设,实现设备单机遥控、多机互联,培养"一岗多能"型人才,推行巡检作业"多岗合一",积累各环节运维经验,配全智能终端,达到智能化管控平台精准预警、精准推送,现场人员精准查验、应急处置的智能化"云巡检"水平,实现"一人一区"巡检。截至2025年,所有煤矿供配电、主运输、供排水、压风、注氮、注浆等固定场所100%实现"无人值守+云巡检",示范煤矿实现所有生产辅助系统作业"一人一区"巡检模式,其他煤矿实现主运输系统作业"一人一区"巡检模式,生产辅助系统巡检人数减少30%。

4. 打造绿色高效辅助运输

推动辅助运输无轨胶轮化、电动化、智能化,打造"精确定位+智能调度"的绿色高效辅助运输模式。基于车辆精确定位技术和车辆即时通信技术,探索研发煤矿辅助运输一体化智能调度管控平台,提高调度效率和车辆利用率。推动辅助运输电力代替燃油,全面推动辅助运输车辆电动化。推广应用行为监测、辅助运输智能驾驶、自动刹车、自动避障等技术,提高车辆智能化水平,应用车辆水位、油温、油压、胎压、人员接近防护等智能监测传感器,打造安全可靠的智能驾驶安全、智能保障体系。截至2025年,示范矿井辅助运输胶轮化覆盖率达到90%,辅助运输电动化率达到50%,打造上湾矿辅助运输绿电示范矿井,其他煤矿因矿施策进行推广。

(七)洗选"黑灯工厂"创建行动

洗选"黑灯工厂"以数据驱动为核心,实现洗选设备智能感知、全流程化智能控制和少人无人集中智能管控。当前,集团公司各洗选工厂单机智能装备、全寿命周期管理和全流程智能感知体系不健全,不能实时精准检测系统关键工艺参数,无法实现全流程智能协同控制;一体化生产平台智能决策与系统统筹能力不强,数据价值挖掘利用不充分,未形成科学高效的生产组织模式。因此,迫切需要加快推进洗选全流程数据可视化,创新"一人一厂"管控模式,全力打造"选煤大脑"平台,提升洗选"黑灯工厂"的智能管控水平。

洗选"黑灯工厂"创建行动提升计划见表1-8。

表1-8 洗选"黑灯工厂"创建行动提升计划

年度	类 别				
	精煤煤质检测准确率标准偏差	智能煤质检测装备应用率	主洗设备故障监测覆盖率	复杂场景、高危场景、重体力劳动机器人替代率	建成集团公司智能一体化洗选集群新架构
2023年	≤1.2%	30%	50%	40%	60%
2024年		60%	60%	50%	80%
2025年	≤1%	100%	70%	60%	100%

1. 推进可视数据赋能洗选

全面推广原煤储存、洗选加工、装车配煤环节煤质智能检测技术,提升煤炭洗选全流程数据感知精度,动态融合生产控制策略,推动洗选数据全域可视化,构建洗选三维数字孪生模型。依托集团公司数字云网底座和一体化管控平台,建成智能干选、智能重介、智能跳汰及智能配煤装车系统,各涉煤公司洗选加工厂内巡检由人工轮岗向实时监测转变、设备维护由被动维修向预防维护转变、险重作业由人工操作向机器人替代转变、工艺参数调整由经验主导向数据驱动转变、产品质量控制由产品侧向原煤开采侧延伸,实现各生产环节产品质量数据"可视化";其他筛分类选煤厂按需推动实施。截至2025年,精煤煤质检测准确率标准偏差不大于1%。示范煤矿配套选煤厂智能煤质检测装备应用率达100%。

2. 推进"一人一厂"管控模式

推广应用集智能感知、智能采集、智能分析于一体的洗选装备状态监测技术,优化选煤厂智能保障系统增量配置,推进工业自动化控制国产化改造、可视化远程控制,构建多传感器数据互通、工作协同、功能互补、机器人智能巡检的运行系统,实现"一人一厂"和"少人干预＋云巡视"选煤管控新模式。各选煤厂推广应用设备健康异常监测和故障诊断技术,实现故障精准感知,推动设备精准监测和全生命周期"有痕管理";全面推进复杂环境和高危场景机器人代替、厂区人员定位功能应用、智能视频监测全覆盖,形成服务生产的全方位智能感知体系。截至2025年,主洗设备故障智能监测覆盖率达70%,复杂环境、高危场景、重体力劳动机器人替代率达60%。

3. 推进"选煤大脑"平台建设

统筹推动集团公司煤炭洗选大智能模型建设,构建包含生产指标、运行状况、功能展示等内容的智能集约化支撑平台,提升集团公司"选煤大脑"智能决策和中枢调度能力。各选煤厂全面集成关键洗选设备、传感器等生产及运行数据,实现数据互联互通,重点完善适应市场变化的自反馈、自调节柔性生产决策机制,形成信息反馈快速响应、生产方案动态调整和产品结构科学决策的生产组织模式,实现选煤运行"一屏统管",智能生产"一键调度",各选煤厂构建集团公司"通盘＋一线智控"的智能洗选发展新格局,力争到2025年,建成集团公司智能一体化洗选集群新架构。

(八)露天坑下少人无人行动

露天开采边坡精准监测及管控难度大,辅助运输车辆运行安全隐患大、作业人员多、安全风险高,同时存在室外高温、高寒极端艰苦环境作业难、无人驾驶自编组运行制约因素多、多机协同互联柔性编排水平低等亟待解决的问题,需加速推动无人驾驶、远程操控技术迭代升级,轮斗挖掘机、自移破碎机等核心装备国产化替代,推广连续、半连续开采工艺,积极构建采装作业室内远程集控、装备多机协同运行等智能化应用场景。

露天坑下少人无人行动提升计划见表1-9。

表1-9 露天坑下少人无人行动提升计划

年度	类别			
	远程操控电铲台数	无人驾驶车辆台数	无人驾驶车辆运输效率	工程辅助设备利用率
2023年	4	95	示范煤矿达到55%,其他煤矿达到40%	提高10%
2024年	12	150	示范煤矿达到70%,其他煤矿达到55%	提高15%
2025年	20	200	示范煤矿达到85%,其他煤矿达到70%	提高20%

1. 推广采装作业室内远程控制

探索应用作业任务智能排产、无人操控自主协同关键技术,构建作业过程平行仿真模型,推进构建全方位、全场景、全环节可视化远程操控的采装作业模式。各露天煤矿推广应用电铲状态全监测、铲斗精准定位、铲臂路径规划、车铲同步对位、故障自诊断、智能预警等技术,优先开展"高温、高寒、水文地质复杂"等极端环境下电铲采装作业室内远程操控试点,改善员工作业环境,实现"人铲协同"到"一人多铲"的转变。截至2025年,示范煤矿及新购置电铲设备实现室内远程智能化采装,常态化运行率达到50%,生产效率不低于60%,其他煤矿分类施策。

2. 推进无人驾驶全面提效

全面应用运输作业全吨位、全场景、全环节高效自主无人驾驶运输技术,推广单车无人、编组无人、协同无人,打造"一人多车""一人一集群"无人驾驶模式。各涉煤公司推广应用基于数字孪生的设备健康管理技术,建立三维可视化运输模型,实现无人驾驶安全员下车、车辆运行状态智能预警;推动示范煤矿复杂工况下运输车辆自主编组、机群高效协同行驶等功能落地应用。截至2025年,示范煤矿无人驾驶车辆运输效率达85%,其他煤矿无人驾驶车辆运输效率达70%,所有煤矿无人作业常态化运行率达到40%,新购置设备100%具备无人驾驶功能。

3. 试点推广连续工艺应用

加大科研投入,加强探索研究连续运输、可编程控制、模块化设计、远程可视化控制、自适应智能跟机等露天开采工艺相关的核心技术,研发和推广适用于露天煤矿的连续、半连续输送和开采设备及工艺,提高开采效率,降低人力成本、运维成本和生产成本。各涉煤公司结合实际试点研究应用胜利破碎机下坑半连续开采工艺及胶带入坑、柔性连续运输机器人替代矿用卡车等先进技术及装备,改进现有间歇性采剥工艺,着力解决露天开采矿用卡车连续性差、管理难度大等问题,降低运输过程中的安全风险和运维成本,提高可靠性和生产效率,减少能源消耗和空气污染。截至2025年,雁宝能源宝日希勒露天煤矿成为连续开采工艺示范煤矿,单班入坑作业人数减少20%,作业效率提升20%。

4. 推动工程辅助柔性协同

研发推广具备作业工况自感知、作业场景自组网、自动智能协同耦合等功能的工程辅助设备,搭建无人作业设备综合调度管理平台,实现卡车调度系统、车辆安全管理系统等的深度融合,构建智能协同生产作业场景。露天作业推行排土设备"一拖三"编组运行模式,平地机、加油车、洒水车等其他工程辅助设备集群化编组、柔性编排、按需调用,推广"一人一集群"模式。截至2025年,示范煤矿工程辅助设备实现远程操控、协同作业,设备有效利用率提高20%,其他煤矿工程辅助设备推行集群化调度模式,新购置设备全部具备远程操控功能。

(九)"三支队伍"人才培养行动

煤矿智能化建设涉及前沿技术较多,且装备迭代更新速度快,智能化建设人员须掌握较为高端的技术和知识,必须坚持"人才是第一资源",加强智能化人才培养。目前,集团公司面临煤矿智能化建设人才队伍力量薄弱、专业性强的高端化人才匮乏、人才培养和引进难等问题,已逐渐制约智能化建设快速发展。急需拓展人才素质提升通道,建立人才梯队、拓展职业发展通道,分级分类培养人才队伍,不断构建完善卓越人才培养体系。

"三支队伍"人才培养行动提升计划见表 1-10。

表 1-10　"三支队伍"人才培养行动提升计划

年度	目　　　标
2023 年	20%煤矿设立智能掘进员、煤矿智能开采员等职业工种。培养 2 名国家级智能化领军人物,培养 20 名行业级智能化专家大师,培养 200 名集团级智能化技术专家,培养 2 000 名以上智能化系统运维技能人才
2024 年	30%煤矿设立智能掘进员、煤矿智能开采员等职业工种。培养 3 名国家级智能化领军人物,培养 30 名行业级智能化专家大师,培养 300 名集团级智能化技术专家,培养 3 000 名以上智能化系统运维技能人才
2025 年	50%煤矿设立智能掘进员、煤矿智能开采员等职业工种。培养 5 名国家级智能化领军人物,培养 50 名高端科学家和行业级智能化专家大师,培养 500 名集团级智能化技术专家,培养 5 000 名以上智能化系统操作和运维技能人才

1. 拓展人才素质提升通道

集团公司每年开展"煤矿智能化建设高级研修班"4 次,组织智能化现场会 1 次,打造智能化建设高端交流平台;每年组织技能大赛(劳动竞赛)4 次,组织企业、行业、高校和全国等不同层级的 AI 大模型创建大赛,通过以赛促学、以赛促练,不断拓展智能化人才培养通道,强化智能化系统应用实效,持续提升智能化建设的引领性、示范性与实用性。各煤矿继续扩大智能化建设参与度,密切联系高校和科研机构,开展产学研用合作,组织全员智能化培训交流,鼓励全员参与智能化建设,建言献策、总结归纳,定期评选奖励优秀方案、合理化建议,进一步发挥集体智慧,激发员工在煤矿智能化建设与应用方面的创造性。

2. 构建卓越人才培养体系

按照《中华人民共和国职业分类大典(2022 年版)》新增设的煤矿智能掘进员、煤矿智能开采员等职业工种相关要求,今后三年各煤炭公司和煤矿重点完成智能化人才整体规划,根据人才队伍实际情况,合理完成相关工种人员配置;优化知识型、技能型、管理型人才发展体系,试点设立智能化工程师、智能化矿级领导人员,探索智能化多层次人才培养体系,打造懂管理、懂技术、懂理论,会操作、会检修、会运维的高技能、复合型人才队伍。加强与职业高校、科研院校的合作,实行校企、院企联合培养模式,开展在职人员智能化和信息化培训,同时多渠道引进高层次、有经验的专业人才,全方位推进煤矿智能化卓越人才培养,保障智能化煤矿建设和运维的人才供给。截至 2025 年,50%煤矿设立智能掘进员、煤矿智能开采员等职业工种。

3. 分级分类培养人才队伍

强化智能化人才梯队建设,持续完善多级、多系统、多专业人才培养体系建设,形成由技能人才、行业专家、领军人物组成的三级智能化人才库、蓄水池,为智能化煤矿建设和运行提供人才保障。截至 2025 年,着力培养 10 名掌握智能化科技前沿、把握行业发展方向的国家级智能化领军人物;着力培养 100 名掌握煤矿智能化核心技术、系统设计和软件开发的高端科学家和行业级智能化专家大师;着力培养 1 000 名掌握煤矿智能化系统安装、调试和维护等方面的集团级智能化技术专家;着力培养 10 000 名以上熟悉煤矿智能化系统操作和运维的技能人才。打造一批煤矿智能化建设创新团队、科技人才、卓越工程师,大力弘扬劳模精神、工匠精神,充分发挥人才的第一资源作用。

(十)模式创新动能孕育行动

模式创新是数字化转型的形式和必然结果,同时也是煤矿智能化建设纵深发展最鲜明的特征。煤矿智能化建设模式创新已成为煤矿企业保障设备安全运行和提高生产运维效率的重要途径。目前,集团公司各煤矿面临高效生产管控能力不足、智能协同运维组织水平亟待提升、全员创新创造的氛围不浓、行业话语权不够等问题,需以问题和结果为导向,不断探索新型高效生产管控模式和运维组织模式,引领劳动生产组织方式变革,健全煤矿智能化制度体系、完善技术标准规范,全力推动全员全域创新创造。

模式创新动能孕育行动提升计划见表 1-11。

表 1-11　模式创新动能孕育行动提升计划

年度	目　　标
2023 年	试点打造 10 个盘区智能运维班组,3 个煤矿智能运维队,完成神东矿区一体化集中管控平台试点应用
2024 年	打造 20 个盘区智能运维班组,5 个煤矿智能运维队;新街台格庙矿区完成"一中心管控多煤矿"生产模式的应用
2025 年	打造 30 个盘区智能运维班组,10 个煤矿智能运维队,3 个矿区级智能运维中心;完成无人驾驶装备及露天智能开采建设标准和规范制定;固化一套成熟可推广的煤矿智能化建设生产管控和运维组织模式。形成全员、全要素参与煤矿智能化建设全过程和创新创造的良好氛围

1. 创新高效生产管控模式

打造区域级和集团级中央指挥控制中心,加快构建集团级运维体系,利用工业互联网、大数据、人工智能等先进技术,研究高效生产管控模式。在煤矿层面探索"1个操控中心＋1个技术中心＋1个智能运维队"的垂直式管控模式,构建集设计、管理、运维于一体的高效运行体系,持续增强煤矿智能化建设驱动力,激活价值创造动能。在矿区层面推动管控模式由"一中心管控一煤矿"向"一中心管控多煤矿"转变,形成与智能化煤矿相适应的高效生产管控模式。重点在神东矿区开展集中管控试点,在新街台格庙矿区推动形成"一中心管控多煤矿"生产模式。

2.探索新型运维组织模式

煤矿智能化建设不断深入,对煤矿各系统运维提出更新、更高的要求,需探索适应煤炭产业智能化新发展格局、符合煤矿各智能化系统运维需求的新型运维组织模式,解决不同建设条件、不同建设基础煤矿智能化发展不平衡、不充分的问题,最大程度解放生产力。各涉煤公司要因矿施策,指导构建"盘区智能运维班组＋煤矿智能运维队＋矿区智能运维中心"的新型扁平化运维组织模式。各煤矿要打破传统,按系统和服务领域分工,组建信息基础、灾害预警等领域专业化强、机动性高的矿级、矿区级专业化技术服务团队,确保生产安全高效、运维及时精准。

3.推进智能标准体系建设

建立健全煤矿工业互联网、智能装备、安全监控、生产管控和智能运维等标准规范。各子分公司要在当前3层、5类、200余项标准架构的基础上,结合实际加快制定煤矿智能化企业标准,丰富完善煤矿智能化标准体系,固化煤矿智能化管理创新、技术创新、模式创新成果,持续增强企业核心竞争力。同时,要积极与科研院所、行业组织联合攻关,共同起草编制国家、行业、团体标准。力争到2025年,建立健全信息基础设施、井工煤矿、露天煤矿、选煤厂、煤矿机器人等方面企业标准体系,并在智能开采、无人驾驶、智能管控等领域参与制定团体、行业、国家标准,扩大集团公司在行业的影响力。

4.推动全员全域创新创造

坚持科技是第一生产力、人才是第一资源、创新是第一动力。各子分公司要在装备结构与功能优化、新技术研究与推广应用、工艺流程优化与管理模式创新等方面开展创新创造评比活动;通过现场出需求、员工提点子、子分公司立项目等具体形式,每季度开展评比煤矿智能化新技术、新工艺、新装备、新解决方案等亮点项目,形成煤矿—子分公司—集团公司的三级评比奖励机制;持续优化制度体系,建立健全激励机制,全面激发职工参与煤矿智能化建设的创新热情,推动全员、全要素参与煤矿智能化建设全过程。

四、时间安排

(一)部署实施(2023年)

各涉煤公司要结合自身实际情况,树牢煤矿智能化理念,精准"把脉",明确"靶向",全面"出击",凡是具备建设条件的煤矿,一律全面推进智能化提档增速;凡是具有升级空间的工作面,一律全面推动智能化提质增效;凡是有改造需求的作业场景,一律全面推行智能化升级改造。

煤炭运输部在 2023 年 6 月完成对各涉煤公司智能化建设现场调研,编制并印发《国家能源集团煤矿智能化建设三年行动计划(2023—2025 年)》(以下简称《计划》),各涉煤公司 7 月底前完成年度工作计划及《计划》实施方案,二季度前完成动员部署,9 月制订 2024 年度工作计划;12 月底完成本年度建设目标并提报智能化验收申请。

(二)攻坚克难(2024 年)

各涉煤公司要针对智能化的痛点、难点、技术瓶颈等突出问题,找准突破的关键节点与核心要素,上下联动、攻坚克难,在自主采掘、无人驾驶、机器人作业等方面突破一批制约高质量发展的核心技术壁垒,成功应用一批技术特色鲜明、智能化水平领先的典型场景。

煤炭运输部在 2024 年 2 月完成上年度建设成果验收,12 月组织煤矿智能化现场会,开展煤矿智能化建设年度成果总结验收。各涉煤公司于 2024 年 9 月制订 2025 年度工作计划;12 月底完成本年度建设目标并提报智能化验收申请。

(三)决战决胜(2025 年)

在全面铺开智能化建设进程、重点攻克关键难题的基础上,针对建设基础相对薄弱、建设进程相对滞后的煤矿,精准发力;确保全面决胜 2025 年"双百"目标,全方位建成一批行业技术先进、安全高效、绿色智能的标杆示范煤矿。

煤炭运输部于 2025 年 2 月完成上年度建设成果验收;10 月开展本年度建设成果验收;12 月组织集团煤矿智能化现场会,全面总结《计划》实施经验和成果。各涉煤公司于 2025 年 9 月底完成成果总结并提报验收申请。

五、保障措施

(一)统一思想认识,提高政治站位

加强政策宣贯,及时将煤矿智能化建设意义、要求、方向、举措贯彻到每一个班组,做到统一思想、提高站位、凝聚合力;定期举办"高级研修班",每年召开煤矿智能化建设推进会,进一步发散思维、开阔视野、深化认识。各涉煤公司要充分发挥智能化采煤班、运维班、示范岗等载体的引领带动作用,形成全员"同心同力同向行、共谋共建共受益"的智能化建设浓厚氛围。

(二)强化组织领导,落实主体责任

集团公司成立煤矿智能化建设三年行动领导小组,全面安排部署相关工作。各涉煤公司要建立健全相应组织机构,压实主体责任,把煤矿智能化建设作为保安全、促发展、增效益的"头号工程";各煤矿要在机关部门和区队建立专门的智能化管理和执行机构,对照目标清单,构建网格化责任体系,充分发挥"领导班子把方向、智能化机关部门管大局、智能化运维区队抓落实"的作用,确保煤矿智能化建设工作落地。

（三）建立工作机制,实施评价考核

集团公司煤矿智能化办公室建立完善工作协调落实推动机制,设置时间表和路线图,倒排工期、挂图作战,每季度将阶段性成果形成工作简报。建立考核验收评价机制,从安全、质量、效果、效益等方面细化、量化考核指标,每年年底对全年建设情况进行考核评价,评价结果纳入各涉煤公司及单位负责人年度绩效考核。

（四）加大资金投入,完善激励路径

集团公司按照《国家能源集团煤矿智能化建设验收评级及奖励办法（试行)》,对建成并通过验收的智能化煤矿、选煤厂及行业标志性工程（项目)进行奖励。鼓励各涉煤公司同步制定配套奖励政策,并将智能化建设推进情况作为干部选拔评价重要指标,优先任用敢于担当作为、善于改革创新的智能化建设者,选优配强煤矿智能化建设人才队伍。

附件

附表1　国家能源集团井工煤矿智能化建设目标（2025年)

附表2　国家能源集团露天煤矿智能化建设目标（2025年)

附表3　三年攻坚行动主要实施示范项目或先进技术清单

附表1 国家能源集团井工煤矿智能化建设目标(2025年)

序号	公司	煤矿	类别	示范类型	建设目标
1	神东煤炭	大柳塔煤矿	Ⅰ类	国家示范	高级
2		补连塔煤矿	Ⅰ类	集团示范(高效类)	高级
3		榆家梁煤矿	Ⅰ类		中级
4		上湾煤矿	Ⅰ类	集团示范(高效类)	高级
5		哈拉沟煤矿	Ⅰ类		中级
6		保德煤矿	Ⅱ类	集团示范(安全类)	高级
7		乌兰木伦煤矿	Ⅰ类		中级
8		石圪台煤矿	Ⅰ类		中级
9		布尔台煤矿	Ⅰ类		中级
10		柳塔煤矿	Ⅱ类		中级
11		寸草塔煤矿	Ⅱ类		中级
12		寸草塔二矿	Ⅰ类		中级
13		锦界煤矿	Ⅰ类	集团示范(高效类)	高级
14	包头能源	李家壕煤矿	Ⅰ类		中级
15		万利一矿	Ⅰ类		中级
16	榆林能源	郭家湾煤矿	Ⅰ类		中级
17		青龙寺煤矿	Ⅰ类		中级
18	宁夏煤业	羊场湾煤矿一号井	Ⅱ类		中级
19		羊场湾煤矿二号井	Ⅱ类		中级
20		梅花井煤矿	Ⅱ类		中级
21		枣泉煤矿	Ⅱ类	国家示范	高级
22		白芨沟煤矿	Ⅱ类		中级
23		红柳煤矿	Ⅱ类	国家示范 集团示范(高效类)	高级
24		麦垛山煤矿	Ⅱ类	集团示范(安全类)	高级
25		石槽村煤矿	Ⅱ类		中级
26		双马煤矿	Ⅱ类		中级
27		金家渠煤矿	Ⅱ类		中级
28		清水营煤矿	Ⅱ类		中级
29		金凤煤矿	Ⅱ类	国家示范 集团示范(高效类)	高级
30		灵新煤矿	Ⅱ类		中级
31		任家庄煤矿	Ⅱ类		中级
32		红石湾煤矿	Ⅱ类		中级

序号	公司	煤矿	类别	示范类型	建设目标
33	平庄煤业	西露天煤矿	Ⅲ类		中级
34		老公营子煤矿	Ⅱ类		中级
35		六家煤矿	Ⅲ类		中级
36	国神公司	三道沟煤矿	Ⅰ类		中级
37		上榆泉煤矿	Ⅰ类		中级
38		敏东一矿	Ⅰ类		中级
39		沙吉海煤矿	Ⅱ类		中级
40		大南湖一矿	Ⅰ类		中级
41		黄玉川煤矿	Ⅰ类		中级
42		准东二矿	Ⅰ类	国家示范 集团示范(高效类)	高级
43	乌海能源	黄白茨煤矿	Ⅱ类	国家示范 集团示范(安全类)	高级
44		五虎山煤矿	Ⅱ类		中级
45		老石旦煤矿	Ⅱ类	集团示范(高效类)	高级
46		公乌素煤矿	Ⅱ类		中级
47		利民煤矿	Ⅱ类		中级
48		骆驼山煤矿	Ⅱ类		中级
49	新疆公司	乌东煤矿	Ⅱ类	国家示范 集团示范(高效类、安全类)	高级
50		宽沟煤矿	Ⅲ类		中级
51		屯宝煤矿	Ⅲ类		中级
52	国电电力	察哈素煤矿	Ⅰ类		中级
53	焦化公司	棋盘井煤矿西区	Ⅱ类		中级
54		棋盘井煤矿东区	Ⅱ类		中级
55	雁宝能源	雁南煤矿	Ⅰ类		中级

注:表中井工煤矿智能化建设类别中的"Ⅰ类、Ⅱ类、Ⅲ类"为参照国家能源局《关于印发〈智能化示范煤矿验收管理办法(试行)〉的通知》(国能发煤炭规〔2021〕69号)中智能化示范煤矿验收评分办法智能化井工煤矿建设条件分类评价表,各单位进行打分评估得来,依据打分评估结果,得分85(含)~100为Ⅰ类煤矿,得分70(含)~85为Ⅱ类煤矿,得分<70为Ⅲ类煤矿。

附表 2　国家能源集团露天煤矿智能化建设目标(2025 年)

序号	公司	煤矿	示范类型	建设目标
1	准能集团	黑岱沟露天煤矿	国家示范	高级
2		哈尔乌素露天煤矿		中级
3	雁宝能源	宝日希勒露天煤矿	集团示范(高效类)	高级
4		扎尼河露天煤矿		中级
5	胜利能源	胜利一号露天煤矿		高级
6	平庄煤业	元宝山露天煤矿		中级
7		白音华一号露天煤矿		中级
8		胜利西二号露天煤矿		中级
9		贺斯格乌拉南露天煤矿		中级
10	国神公司	大南湖二号露天煤矿		中级
11		朝阳露天煤矿		中级
12	新疆公司	准东露天煤矿		中级
13		红沙泉露天煤矿		中级
14		黑山露天煤矿		中级
15	神延煤炭	西湾露天煤矿	国家示范 集团示范(高效类)	高级
16	包头能源	神山露天煤矿		中级

注:包头能源水泉露天煤矿(即将闭坑),平庄煤业风水沟煤矿(即将闭坑)、乌兰图嘎露天煤矿(锗煤伴生),乌海能源路天煤矿(即将闭坑)、苏海图煤矿(采空区治理)不纳入本行动计划。

附表3　三年攻坚行动主要实施示范项目或先进技术清单

序号	项目或技术名称	备注
	信息基础设施夯实行动	
1	KT28E(5G)矿用无线通信系统和矿用5G融合通信系统研发	
2	煤矿工业互联网时间敏感网络(TSN)智融系统研究	
3	矿用5G智能融合通信系统及综合智能能效系统研发	
4	基于TGIS的矿井智能开采与安全管控平台研究应用	
5	矿井精准位置服务衍生应用关键技术研究	
6	5G矿用本安型无线基站研发及5G+智能终端生态应用研究	
7	煤矿智能化远程运维系统研发	
8	三维虚拟现实系统及井下天眼智能系统研发	
9	煤矿智能视频分析及智能视频监控系统研发	
10	煤矿井下人员精确定位系统及煤矿移动设备智能传感器研发	
	透明地质保障破冰行动	
1	煤矿井下全空间多场感知及隐蔽属性透明化技术	
2	专业级煤矿透明地质保障系统推广应用	
3	基于云GIS的矿山地质保障信息系统研发	
4	采掘工作面随采随掘智能地震监测技术	
5	ZYWL13000/15000DS型大功率定向钻机研发	
6	多维度多尺度智能矿山透明地质保障系统研发	
7	多用途智能定向钻机与自适应协同控制钻进技术	
8	煤岩识别关键技术与装备研发及应用	
9	地层物性与三维地震属性融合及数据可视化技术研究	
10	乌海矿区碎软煤层定向钻进智能化技术研究及工程示范	
	采煤"530"迈进行动	
1	薄煤层智能化无人开采成套装备研制	
2	5G+综采工作面智能型液压支架电液控制装置研制	
3	自主截割规划综采控制系统研究与应用(煤机支架防碰撞系统研发、透尘透雾摄像仪研发、煤机支架数据交互控制、地面实时远程控制技术等)	
4	大采高沿空留巷关键技术装备研究与工程示范	
5	5m采高短壁工作面单滚筒采煤机和智能自适应单元支架研制	
6	煤矿10kV综采工作面供配电及长距离供液系统及装备研制	
7	薄煤层智能化综采快速搬家工艺及关键装备研发	

序号	项目或技术名称	备注
8	综采、综放超长综采工作面智能高效开采成套系统应用开发技术研究	
9	液压支架回撤关键技术、自动化出架装备及多场景工况巷道超前支护特种支架研制	
10	三软倾斜煤层沿空留巷成套技术与装备研发	
掘进"975"跨越行动		
1	煤巷智能化快速掘进成巷成套技术与装备研发	
2	掘进面智能管道清理机器人研制	
3	长掘长探钻孔综合探测技术与装备	
4	超大断面煤巷及坚硬煤层掘钻锚支一体化智能快掘成套技术与装备研发	
5	掘钻锚支一体化掘进设备智能自主掘进技术及系统研发	
6	西部新建矿井 $\phi 8$ m 主斜井智能化组合式盾构机研制	
7	煤矿暗井下排渣轻型掘支一体化装备	
8	掘进辅助作业机器人群研发与应用	
9	带式输送机托辊状态监测、自动智能调速等成套装备自主协同作业技术研发与应用	
10	西部复杂条件冻结法竖井机械破岩与排渣作业的竖井掘进机研制	
灾害预警屏障加固行动		
1	采掘工作面瓦斯精准预警与协同防控技术及装备研制	
2	矿井安全态势融合预警技术研究及平台开发	
3	西部矿区煤层顶板水害风险动态评价监测预警技术	
4	煤矿瓦斯智能巡检、火灾精准探测机器人与 KBGC-4B 矿用本安型气象色谱仪等关键技术与装备研究	
5	采掘工作面随采随掘智能监测系统与多用途智能定向钻机关键技术研究	
6	冲击地压应力长时监测装备、精细模拟软件及压裂控制技术	
7	煤层顶板涌水量动态预测及水害防控关键技术	
8	煤矿冲击地压多参量综合预警及数字化管理平台建设及预防巷道重复维修技术研究	
9	深部矿井煤岩-瓦斯复合动力灾害精细探测与防控关键技术	
10	煤矿多源粉尘精准监测协同防控技术与通风智能调控决策关键技术研究	
生产辅助效能提升行动		
1	高压大功率矿用永磁直驱、半直驱技术研究及应用	
2	矿山全地形智能抢险救援机器人技术与装备研发	
3	矿山应急救援机器人、辅助作业机器人及辅助作业单兵智能头盔系统研发	

附表 3(续)

序号	项目或技术名称	备注
4	矿井机器人感知传感器研发及测试平台研制	
5	矸石井下分选及采充平行高效充填开采装备研发	
6	煤矿作业机器人集群指挥调度系统	
7	煤矿井下分散排水集中控制系统研发与应用	
8	煤矿井下供电系统智能化管控及在线式电机状态监测成套系统研发	
9	煤矿井下高低压供配电系统智能防越级跳闸技术研究	
10	煤矿井下智慧交通、智慧巷道、全域安全智能检测、车载360°全景系统及智慧车研制与应用	
洗选"黑灯工厂"创建行动		
1	洗选数据全域可视、三维数字孪生模型研发应用	
2	多参量数据互通、工作协同、功能互补的"一人一厂"管控模式研究与应用	
3	智能"选煤大脑"智能决策和中枢调度系统研究与应用	
4	高精度物料智能监测及煤质智能检测技术研发与应用	
5	洗选市场自适应、自反馈、自调节柔性生产决策系统研发与应用	
6	炼焦煤智能制样技术和装备研发	
7	旋转多斗散装物料快速智能装车成套装备	
8	高寒条件下煤炭智能装车、高效清车技术及装备研究	
9	大型智能干法选煤装备研制	
10	智能化煤炭质量检测成套系统研发与应用研究	
露天坑下少人无人行动		
1	露天采装设备预测性健康管理系统应用研究	
2	基于 GIS 地理信息系统的露天坑下装备自组网、自编队协同作业指挥系统研发	
3	露天采装设备远程无人操作关键技术研究与应用	
4	采装运关键设备运行状态全系统智能监测技术研发与应用	
5	露天煤矿大粒级分级破碎关键技术及装备研究	
6	高寒地区露天煤矿轮斗连续采煤系统研究与示范工程	
7	露天大型半连续剥离系统核心装备研发	
8	基于数字孪生的半连续生产剥离系统远程运维研究	
9	特大型露天煤矿电动矿用卡车快充快换一体化换电系统及站网互动关键技术研究	
10	ART 智能排矸系统研究与应用	

第二篇　国家能源集团煤矿智能化建设 45 项典型案例(第一批)

第一部分 国家能源集团入选全国煤矿智能化建设 15 项典型案例

案例 1 乌海能源老石旦煤矿基于 5G 网络的人工智能技术在井下多场景应用

项目名称	乌海能源老石旦煤矿基于 5G 网络的人工智能技术在井下多场景应用			
项目完成单位	乌海能源老石旦煤矿		项目金额	1 240 万元
项目开始日期	2021 年 1 月 7 日		项目结束日期	2022 年 12 月 7 日
项目完成人	赵常辛、贺新田、张磊、刘海青、钱海军、刘志宝、孙洪宝、赵华夏			
技术联系人	姓名	张磊	职务	助理主管
	联系方式	15247360606	电子邮箱	10779301@ceic.com
获奖信息	1. 2021 年第四届"绽放杯"5G 应用征集大赛智慧能源专题赛优秀奖; 2. 2021 年第四届"绽放杯"5G 应用征集大赛智慧矿山专题赛一等奖			
项目概述	该案例来自乌海能源公司科研项目,在老石旦煤矿无线通信系统(5G)应用。关键技术有:智能调度平台、全景工作面、智能 AI 分析系统、5G 单兵装备四大应用技术,基础设施、综合通信、生产执行、安全保障等 6 个层级,涉及掘进、综采、收放板、巡检、调度、精准定位等 14 个工艺流程。实现了老石旦煤矿基于 5G 网络的智能化矿山建设目标			
适用条件	适用于煤矿无线通信系统			
主要做法	5G 时代,煤矿智能化是煤炭工业高质量发展的保障,当前煤矿智能化处于发展的初级阶段,煤矿井下仍然面临泛在感知难、多类型数据同步传输不可靠、远程控制实时性差、融合大数据的智能决策效率低等问题。为了解决这些问题,乌海能源结合 5G 关键技术和井工煤矿实际需求提出了结合 5G 关键技术、融合大数据的智能,规划了基于 5G 技术的虚拟交互应用、超高清视频、工作面智能化、远程实时控制、远程协同运维及井下巡检和安防等煤矿井下应用场景。 乌海能源 5G+智能化矿山项目按照应用场景划分,共分为 5G 网络覆盖、5G 智能调度平台系统、5G 全景工作面、AI 智能分析系统、5G 单兵装备、5G+扩展现实[XR,包括增强现实(AR)、虚拟现实(VR)、混合现实(MR)]技术应用、5G+设备智能监测与故障诊断、5G+智能巡检机器人等 8 个应用场景。在 8 个应用场景的基础上,可实现智能调度、人员定位、即时通信、安全管控、实时监控、胶带跑偏、堆煤报警、远程控制、无人巡检等一系列智能化子系统功能。			

主要做法	**(一)5G网络建设介绍** 乌海能源老石旦煤矿采用非独立组网(NSA)+独立组网(SA)双模组网模式,建设地面和井下无线通信系统。地面和井下巷道选用移动性好、可靠性高的4G通信系统作为语音通信业务,井下关键生产数据业务传输选用大带宽、低延时、广连接的5G通信技术,实现生产作业场所大量数据传输,利用低延时特性实现关键生产环节的远程控制等功能。 地面机房布置移动边缘计算(MEC)服务器,配置在分组传送网(PTN)与矿井已有井上融合调度平台服务器之间,进行井下视频交互、监控视频智能识别、监控数据处理等边缘计算业务。通过MEC加统一功率格式(UPF)网络切片技术,降低数据传送的网络时延,井下网络与公网的物理隔离开,核心网用户面下沉到煤矿基础设施,实现业务数据不出矿,提供更高的安全保障,有效保证了煤矿工业数据的安全可靠。 **(二)乌海能源5G+智能化矿山应用场景** 1. 井下智能调度平台采用模块化设计,配备了基于5G传输技术的智能单兵装备,将安全监控、应急广播、人员定位、有线、无线、视频等系统进行融合,实现统一调度、统一管理、统一监控、智能联动,解决了调度终端类型单一的问题。智能单兵装备通过5G传输的视频回传、实时对讲等功能,集合照明、人员定位、语音调度、短信收发、拍照、对讲、灯光报警、视频调度、本地记录、蓝牙连接等功能,应用于设备检修工作中,检修人员在井下利用矿灯与井上的专家进行实时连线,由专家指导检修人员进行设备维修,极大提升了设备维修效率,有效提升安全生产效率,对井下工作人员的安全管理提供了极为有力的帮助。 2. 全景工作面系统采用无线传感器、无线摄像仪,基于5G网络的大带宽、高可靠性实现所有传感数据、视频信息、参数控制信号的高速传输,实现综放工作面的全景漫游、跟机、跟人、跟架,让地面指挥人员站在大屏幕前便有身在井下工作面的直观感受,能够更为有效、直观地对井下的生产进行指挥、协调,完成对采煤机、液压支架、刮板输送机以及泵站系统的远程自动作业,最终实现真正的远程集中监控。 3. AI智能分析平台。在5G+MEC平台上搭建AI智能分析平台,构建煤矿—前端两级平台,实现井下人的不安全行为、物的不安全状态、环境的不安全因素等隐患智能分析、报警,构建业务应用平台,沉淀了矿山特有的各个维度的AI核心算法,积累矿山核心数据资产,通过算法与矿山实际需求相结合,对重点场景视频监控、AI识别、智能提前预警实现隐患报警处理、分析、上报,形成业务闭环,有效辅助了监管人员,提升20%的监管效率,减少煤矿井下事故的发生。 4. 5G+XR技术应用是基于5G技术将XR与井下和选煤厂安全生产深度融合,解放双手,实现主动感知、远程诊断、自动分析、快速处理的功能,提供第一视角的双向视频通话,专家指导信息可实时共享至现场,实现高效智能的远程设备故障诊断、隐患排查、作业指导、应急指挥等功能。 5. 5G+设备智能监测与故障诊断平台。该平台涵盖设备档案、数据存储、数据计算、数据分析、数据源诊断、平台集成等层次,实现设备运行状态大数据应用的统一管理,包括智能报警、智能诊断、智能诊断报告、移动App推送以及设备全生命周期管理。井下设

主要做法	备数据通过 5G 网络进行传输,避免了大规模、长距离光缆铺设造成的大量人力、物力、财力的消耗。5G 通信技术的大带宽特点保证了在线监测系统大规模采集数据的正常传输;5G 通信技术的低延时保证了关键设备的运行状态监测数据及时上传,避免设备(如轴承烧毁等)突发性重大事故的发生,及时提醒操作人员采取措施。智能报警能够根据设备的各种诊断谱图发现早期设备故障并及时发出预警。智能诊断功能能够根据设备的故障机理模型以及大量的设备故障模型对设备故障进行精确诊断,并能够自动给出维修策略,为设备的预知维修、经济维修提供有力保障。 6. 5G＋巡检机器人搭载 5G 通信模块,通过 5G 网络实现数据交互传输,巡检机器人配置高清拾音器、高分贝扬声器、高清摄像仪、多气体检测传感器、红外热像仪等传感设备,利用 5G 低时延、大带宽的特点,实现高清视频实时传输,巡检路线自由调整,设备温度、环境气体实时监测和报警,远程控制灵敏可靠,实现了固定岗位"无人值守"。 7. 5G＋智能供水系统。利用 5G 网络,井下闸阀控制箱将采集的数据上传至水泵房可编程逻辑控制器(PLC),显示管路的压力数据及阀门状态,下发控制命令实现闸阀的远程控制及预警,再通过 5G 网络将闸阀控制箱采集的数据上传至矿井生产指挥中心综合智能一体化生产监控平台,实现数据交互,显示设备的运行参数与状态,下发控制命令实现远程控制,实时监测高山水库液位,水泵出口压力和供水压力、供水管路流量等数据,并能实时监控水泵的电压、电流参数及运行状况等
解决难题	井上下 5G 信号全覆盖意味着在接下来的智能化矿山建设推进中,将以 5G 网络为核心,将井下的 ZigBee、超宽带(UWB)、Wi-Fi 等网络进行就地融合为抓手,重点突破井下的无人驾驶新能源无轨胶轮车、采煤机掘进系统的 5G 远程控制模组、主运胶带的整体全景监控＋AI 智能分析、采煤面落煤点的大块煤识别加胶带保护等应用场景落地,最终实现基于 5G 网络的智能煤矿
取得成效	1. 减人方面。人员违规识别准确率已达85％;在少人化、无人化方面,预计在 2022 年,本项目井下作业人员将减少30％,2023 年将减少50％,2025 年将实现井下综采、掘进无人化。 2. 增安方面。安全性非常显著,在人和物的安全管控方面:大块煤、异物识别准确率已达95％;堆煤、冒烟识别准确率达到70％。 3. 提效方面。5G＋智能化矿山建设自 2021 年 3 月投入试运行以来,已为企业节省电费 110 万元,节约人工成本 84 万元(平均每人节省 6 万元/a);井下检修效率提升10％、融合通信效率提升 10％、井下安全生产监控效率提升 15％。预计到 2023 年,井下作业人员将减少30％。在生产环节,发展 5G＋AI、物联网、云计算、大数据边缘计算(AICDE)技术,锻造老石旦煤矿智能化能力,通过对采煤机、掘进机、胶轮车等矿用生产设备的智能化改造,实现基于智能矿山"上云"的一键采煤、远程操作控制、无人驾驶等功能,大大提升生产效率的同时降低危险作业区域安全事故发生率,全面实现机械化换人、自动化减人、信息化在生产过程中的提效作用,真正打造绿色、安全、高效的智能矿山

案例2 乌海能源黄白茨煤矿基于锚护系统快速移动的沿空留巷技术在薄煤层智能采煤工作面的研发应用

项目名称	乌海能源黄白茨煤矿基于锚护系统快速移动的沿空留巷技术在薄煤层智能采煤工作面的研发应用			
项目完成单位	乌海能源黄白茨煤矿		项目金额	12 563.695万元
项目开始日期	2020年7月16日		项目结束日期	2022年8月15日
项目完成人	周勇、苗继军、丁震、李富强、武俊、邢永亮、钮长松、张利刚、白鑫、张明、刘洋、高玉柱、任文华、张文璐、王玉新、张豹、赵星宇、史学锋、孙瑞江			
技术联系人	姓名	张明	职务	科长
	联系方式	15204739060	电子邮箱	ming.zhang.g@ceic.com
获奖信息	无			
案例概述	该案例来自集团公司科研项目,在黄白茨煤矿应用。关键技术有:工作面设备集中集成自动化控制系统、工作面设备集中集成自动化控制系统与采煤机配备的高精度惯性导航系统的配合、采煤机自动控制系统优化、柔模混凝土沿空留巷技术革新。实现了工作面顺槽集中控制及地面远程监控,支架及刮板输送机自动跟机、自动移架、自动找直,采煤机自动控制斜切进刀、割煤、返刀、记忆割煤,提高资源回采率,延长矿井服务年限			
适用条件	该案例适用于井工煤矿高瓦斯薄煤层采煤工作面			
主要做法	1. 通过工作面顺槽集中控制及地面远程监控,改善特殊煤层条件下现场人员作业环境,实现工作面少人无人开采,提高采煤工作面作业效率,降低作业强度。 2. 通过工作面设备集中集成自动化控制系统与采煤机配备的高精度惯性导航系统配合,对采煤机位置精确检测,描绘工作面运输机的实际形状。闭环控制校准每个液压支架推移行程,实现支架及刮板输送机自动跟机、自动移架、自动找直。 3. 通过优化采煤机自动控制系统,采煤机实现自动控制斜切进刀、割煤、返刀、记忆割煤,记忆截割系统采用自由曲线记忆截割方式,带端头工艺支持,实现两端头的斜切、割三角煤等工艺。 4. 革新柔模混凝土沿空留巷技术,实现无煤柱开采,提高资源回采率,延长矿井服务年限。在高瓦斯突出矿井,可以实现"Y"形通风,消除回风隅角瓦斯积聚,改善矿井安全条件			
解决难题	重点解决如何提高煤炭资源回收率、利用"Y"形通风消除隅角瓦斯、取消区段煤柱避免采空区遗煤自燃等问题,延长矿井服务年限,实现"Y"形通风消除回风隅角瓦斯积聚,改善矿井安全条件			

续表

取得成效	1. 减人方面。采用自动化成套装备后,工作面作业人员减少 1/3 以上;综采全队 103 人,减少 58 人,每人平均月工资为 13 000 元,每月节约费用为 75.4 万元。 2. 增安方面。为安全、高效、少人、无人化开采提供有益借鉴,在薄煤层工作面采用沿空留巷技术,延长矿井服务年限,实现安全、高效、少人的目标。 3. 提效方面。0213 上 201 工作面,运输巷留巷总长度约 1 170 m。煤层平均厚度为 1.4 m,密度为 1.45 t/m,煤柱为 20 m,煤炭综合回收率达 97%,采用沿空留巷后多回收煤炭资源 4.6 万 t,回收煤柱创造经济效益 920 万元,减少回采巷道 1 250 m,减少掘进巷道所获经济效益达 1 523.5 万元

案例3 神东煤炭布尔台煤矿"锚运破一体机+变频调速带式输送机"快速掘进系统研究与应用

项目名称	神东煤炭布尔台煤矿"锚运破一体机+变频调速带式输送机"快速掘进系统研究与应用		
项目完成单位	神东煤炭布尔台煤矿	项目金额	280万元
项目开始日期	2021年5月1日	项目结束日期	2022年10月30日
项目完成人	贺晓峰、肖华明、李晓围、廖志伟、王再军、钟洋洋		
技术联系人	姓名	王再军	职务	智能化工作组组长
	联系方式	18047388186	电子邮箱	916224248@qq.com
获奖信息	无		
案例概述	该案例来自智能掘进安全技改项目,在布尔台煤矿掘进工作面应用。关键技术有:自移机尾、集中控制、变频调速技术。解决了掘进工作面单进水平效率低的难题,引进锚运破一体机取代履带式转载破碎机,在保留了履带式转载破碎机破碎和运输的基础上增加了锚护功能,支护效率成倍增加,完全实现了掘支平衡		
适用条件	该案例适用于掘进工作面		
主要做法	1. 锚运破一体机取代履带式转载破碎机。在保留履带式转载破碎机破碎和运输的基础上增加了锚护功能,在掘进过程中,锚运破一体机与掘锚机合理的分配支护量,支护钻臂由原来的6个增加为现在的13个,支护效率增加一倍,同时锚运破一体机配备伸缩受料斗,料斗伸出后可以满足掘进一米的接煤量,有效降低了大系统对于掘进工作面生产的影响,掘进效率得到有效提升。 2. 后配套自移机尾。该套设备由动力架、调偏尾架、中间架、迈步推移轨道、撑顶机构、挑胶带装置、液压系统、电气系统等部分组成,实现了机尾的机械化延伸。该系统采用遥控操作,具备自动调偏功能,取缔了在带式输送机延伸过程中两侧的顶杠人员。 3. 建立掘进工作面集中控制系统。以综合智能控制为基础,研发了具有完全自主知识产权国产软件的神东生产管控平台。掘进工作面以生产管控平台为依托,配备控制主机和防爆电脑,实时采集和反馈井下运行数据;为提升集中控制系统的实用性和安全性,集控室配备不间断电源(UPS),保证掘进工作面停电后可以正常控制井下设备,同时集控室配备语音报警装置,当设备发生故障时可以及时提醒,防止故障扩大。 4. 在工作面、采掘设备、配电硐室、带式输送机机头、卸载点配备完善的视频监控系统,实现掘进工作面视频全覆盖;通过井下环网采集掘锚机、锚运破一体机、大跨距桥式转载机、带式输送机的数据,全部集成在生产管控平台当中,实现井下采掘设备日常运行数据监测和远程可视化控制。 5. 通过采集井下配电设备的保护器数据,在生产管控平台制作控制画面,实现井下配电设备的远程操作,由工作面集控工取缔了专职电工,停送电效率成倍增加,为保证供电系统的稳定性,在生产管控平台增加双风机停机语音报警、配电设备不热备报警等一		

续表

主要做法	系列举措,有效保证了供电系统的稳定性与可靠性。 6. 对掘进工作面掘锚机、梭车等多类移动设备进行改造,使其具备启动检测、自动停机、双向报警、特殊人员管理、设备盲区可视化等功能,当人员接近移动设备时可实现自动减速或停机,从而保证人员安全。 7. 研发辅助搬运机器人,该机器人以防爆柴油机为动力,采用履带式设计,具备遥控、就地两种操作模式,能够在各种不同的掘进工作面条件下进行作业。 8. 掏槽机器人采用柴油胶轮式设计,极大丰富了应用场景,同时具备快换插头,还可以实现起底等其他作业,实现一车多用,在尽可能减少移动设备的同时,丰富了作业内容。 9. 研发管路抓举机器人。其主要由抓举机械手、操作台、动力系统、传动系统、液压系统、无轨胶轮车底盘、电气系统、气启动系统八大部分构成。它能够完成对巷道管路安装铺设过程中的抓、举、伸、让、转、对等功能,安装效率提高 1.5 倍。 10. 带式输送机变频调速。通过以太网采集掘进工作面连运的跨转信号,精确掌握工作面出煤时间;同时利用霍尔传感器采集带式输送机的运行电流,精准判断带式输送机带面上的煤量多少,经过合理的逻辑计算,带式输送机变频器通过以太网与连运和带式输送机进行联动,实现带式输送机的智能调速
解决难题	解决了掘进单进水平效率低的问题,钻臂由常规的 6 个增加到 13 个,支护效率增加 1 倍;解决了掘进工作面 60% 的体力作业,也解决了胶带空转导致能耗增大的问题
取得成效	1. 减人方面。掘进自移机尾投用以来,机尾延伸工作由传统的 12 人作业减少到现在的 4 人作业;辅助搬运车投用后,搬运大型设备由 5~8 人通过打吊挂锚索等流程,减少到现在的 1 人操作遥控器 1 人监视即可。 2. 增安方面。辅助搬运车、掏槽车、管路抓举机器人可以在井下环境中进行操作,避免了人工操作中可能出现的安全隐患,如煤块飞溅、管路泄漏等;机器人具有自动化的安全保护装置,可以减少事故发生的风险。 3. 提效方面。锚运破一体机的应用解决了掘进单进水平效率低的问题,钻臂由常规的 6 个增加到 13 个,支护效率增加 1 倍;自带式输送机智能调速试运行以来,掘进带式输送机运行稳定,未出现调速误动作、打滑、洒煤、堆煤、跑偏等情况,显著降低运输系统能耗的同时,提高了带式输送机运行效率,真正达到了带式输送机"轻载降速、重载提速、有煤跑得快、无煤跑得慢"的效果

案例4 神东煤炭大柳塔煤矿5G＋连续采煤机器人群协同作业系统开发与应用

项目名称	神东煤炭大柳塔煤矿5G＋连续采煤机器人群协同作业系统开发与应用		
项目完成单位	神东煤炭大柳塔煤矿	项目金额	970.8万元
项目开始日期	2019年11月20日	项目结束日期	2022年1月28日
项目完成人	迟国铭、刘孝军、李飞、刘晓亮、周波、高强、任文清、杨健、王飞、白茹玺、梁占泽、吴帅		
技术联系人	姓名	王飞	职务	技术员
	联系方式	18049304630	电子邮箱	309195710@qq.com
获奖信息	1. 荣获国能源集团神东煤炭集团科技进步奖一等奖; 2. 荣获2021年中国煤炭工业协会"煤炭行业标杆煤矿"和"标杆案例"称号		
案例概述	该案例来自神东煤炭技术研究院项目,在大柳塔煤矿应用。关键技术有:设备自动控制、设备定位姿定向、煤岩分界辅助识别、高速数据通道等技术。实现连续采煤机自主行走、自主截割、辅助决策等功能,并引入模块化管理理念,将矿井综采、连采、运输、供电、供排水、通风及安全监测监控等生产系统高度集成统一控制,形成管控一体化平台		
适用条件	该案例适用于掘进工作面		
主要做法	1. 整体方案设计。智能连续采煤机掘进技术以煤机司机为测试对象,基于5G无线通信为数据通道,采用"激光导引＋组合惯性导航＋自动控制",实现自主行走、自动截割、视频监控远程干预控制功能;同时配套自动卷缆车,通过激光导引装置实时跟踪定位连续采煤机轨迹,惯性导航与激光导引互为基准,连续测量,实现跟机电缆自动收放功能。 2. 惯性导航技术。惯性导航系统是一种不依赖外部信息也不向外部辐射能量的自主式导航系统。惯性导航系统是以陀螺仪和加速度计为敏感器件的导航参数解算系统,该系统根据陀螺仪的输出建立导航坐标系,根据加速度计输出,解算出运载体在导航坐标系中的速度和位置。本系统最终提供的连续采煤机位姿信息包括航向角、俯仰角和横滚角,连续采煤机在巷道空间中的绝对位置信息包括沿巷道基线的纵向距离、垂直于巷道基线的横向和高向距离。 3. 机制控制技术。结合惯性导航系统提供的连续采煤机位置和姿态信息,实现的功能包括:确保单刀前进/后退时按照规定的基线方向走直线;连续采煤机从左帮到右帮的调机功能;在单刀进刀时,以实时获取连续采煤机的航向角信息为测量输入量,采用PID(P——比例,I——积分,D——微分)算法控制两条履带的行走电流大小,确保发生航向角偏移时能及时纠正。 4. 截割控制技术。主要通过连续采煤机的旋转、退机、前进等组合操作实现平移;截割控制结合实际截割工艺,采用13步截割法;基于采高、振动、电流、视频等多传感器检测数据及合理算法实现辅助煤岩分界识别,进行顶底板控制。		

主要做法	5. 核心网组网设计。工作面集中控制系统网络接入主要包括无线接入基站、网络交换机、网络控制柜等设备,实现网络通信子系统和集中控制子系统的网络连接。首先设计 5G 基站安装位置,形成区域性独立的核心网。掘进工作面要想形成区域 5G 专网,设计在交接班区域安装 1 台 5G 基站及无线站,供集控中心控制、视频传输,破碎机处安装 1 台 5G 基站及无线站,接收连续采煤机控制及视频传输,连续采煤机机身安装 1 台 5G 无线站,接收连续采煤机 PLC 控制及视频,并负责将信号发送给破碎机基站。这样就形成了区域性独立的高速数据传输通道,实现数据、视频的传输。 6. 视频监控设计。每个摄像仪内需要接 4 根线,分别为 2 根 127 V 电源线和 2 根信号线。每个摄像仪通过 1 根四芯屏蔽电缆引到 PLC 箱,4 个摄像仪共用 4 根四芯屏蔽电缆。在 PLC 箱内将 4 根四芯屏蔽电缆其中两芯并在一起接到 PLC 箱内的 127 V 电源,另外两芯并一起再通过 1 根四芯屏蔽电缆由 PLC 箱引到驾驶室防爆主机内的网络传输器,防爆主机内的网络传输器通过网线接在主机上。摄像仪内的网络传输器设置为从、主机内的网络传输器设置为主,实行"一主四从"模式。利用连续采煤机和梭车身上安装的多路摄像仪,实时采集移动设备工作现场关键视角的视频图像和音频信息,通过 5G 网络传输到工作面的监控中心。连续采煤机上安装多路除尘摄像头,分别采用热成像仪和低照度摄像头,实现工作面上视频的采集,连续采煤机上布置拾音器,将现场声音传输到远程控制平台。视频显示单元实时显示多个移动设备在各个关键点处的视频,对设备的工作状态进行视觉延伸,以达到身临其境的感觉。 7. 集控中心设计。(1)工作面集控中心:作业人员远离危险恶劣的环境,将集控中心安设于工作面交接班区域,采用视频采集(热成像+黑光)系统,借助 5G 无线通信技术,实现连续采煤机、自动卷缆车远程操控。(2)调度室集控中心:通过工业以太网将工作面集控中心数据传送至地面数据中心,实现调度室集中显示、数据监测存储、智能报警、智能分析、远程控制等功能
解决难题	把连续采煤机司机从掘进面恶劣的工作环境中解放出来,在操控中心实现对连续采煤机的远程控制及自动化割煤,减轻了人员劳动强度,免受粉尘、噪声的侵害,远离了危险的作业环境,是煤矿掘进设备自动化技术的跨越式突破
取得成效	1. 减人方面。生产班掘进作业人数由 10 人减为 6 人。 2. 增安方面。将作业人员从危险恶劣的环境中解放出来,远离煤矿灾害,免受粉尘、噪声等侵害,提高矿井安全水平,降低员工劳动强度,改善作业环境,减少设备损耗。 3. 提效方面。月掘进巷道达到 1 400 m,人均工效 4.6 m/工,直接生产工效提升 60%

案例 5 神东煤炭保德煤矿基于 F5G 网络的智能采放协同技术在智能化综放工作面的应用

项目名称	神东煤炭保德煤矿基于 F5G 网络的智能采放协同技术在智能化综放工作面的应用		
项目完成单位	神东煤炭保德煤矿	项目金额	3 000 万元
项目开始日期	2021 年 9 月 1 日	项目结束日期	2023 年 9 月 1 日
项目完成人	张海峰、赵春光、阮进林、高鹏、孙源、邹喜仓、崔永乐		
技术联系人	姓名	高鹏	职务	智能化主管
	联系方式	18049323331	电子邮箱	20051666@ceic.com
获奖信息	无		
案例概述	该案例来自神东煤炭 2020 年科研项目,在保德煤矿应用。关键技术有:F5G 网络、5G 网络、采放协同工艺、煤矸识别、智能放煤、自动找直、人员定位、机架安全联动、瓦斯安全联动等技术		
适用条件	该案例适用于中厚煤层综放工作面		
主要做法	1. 在矿井部署 F5G 无源全光工业网,颠覆网络架构,将逐级汇聚的传统三级网络简化为新型二级网络。创新性地与现有井下综合分站相融合,满足人员定位、Wi-Fi、4G、视频监控等业务统一接入,实现综采工作面视频流实时上传。 2. 研究煤矸图像高效预处理与精准识别算法,研究煤矿煤矸的视频图像数据特点,研究基于煤矿煤矸特点的振动传感频率与时域能量分布特点,形成基于振动、视频信号的煤矸识别,实现综放开采智能化控制;在上述智能化项目建设的基础上,形成透明开采智能综放控制系统,最终实现"智能采放、远程干预"		
解决难题	实现了工作面数据快速、稳定、可靠传输,逐步突破煤矸识别、智能放煤、采放协同、瓦斯安全联动等技术难题,构建基于 F5G、5G+多系统融合工业互联网平台,为工作面的安全、高效、少人作业提供了坚实保障		
取得成效	通过系统建设,保德煤矿 F5G 网络优势初步显现,在行业内首次将现有综合分站和光环网末端(ORE)设备融合集成,实现了矿井现有通信网络的平滑升级,为矿井生产数据上传、视频流等数据上传提供了高可靠、大链接、低延时的重要保障。 1. 减人方面。工作面单班作业人数由原来的 13 人减少为 7 人常态化作业,并通过了山西省能源局和国家能源集团中级智能化工作面评定。 2. 增安方面。实现了前、后部运输机机头大块煤的视频识别,采煤机滚筒、护帮板回收状态的视频识别,人员进入危险区域的视频识别和预警。 3. 提效方面。81202 综放工作面已实现采煤机记忆割煤、自主导航、自动喷雾,液压支架实现了自动跟机拉架、自动收打互帮、自动推溜和采煤机的协同作业,"三机"已实现远程控制和一键启动,地面和井下监控中心已具备实时监控和远程操作,工作面已实现 5G 网络全覆盖;初步实现了自动放煤,已完成按时间放煤和记忆放煤的控制逻辑,并且达到放煤与后部刮板输送机的智能联动;完成了自动找直功能验证,长臂自动化指导委员会(LASC)系统的调试,实现每刀后的数据准确生成;完成工作面三维智能巡检机器人的安装与调试,为透明开采和采煤机远程控制奠定了坚实基础		

案例 6　宁夏煤业金凤煤矿基于 TGIS 技术的智能开采与安全管控平台研发与应用

项目名称	宁夏煤业金凤煤矿基于 TGIS 技术的智能开采与安全管控平台研发与应用			
项目完成单位	宁夏煤业金凤煤矿		项目金额	1 768 万元
项目开始日期	2022 年 1 月 24 日		项目结束日期	2023 年 6 月 30 日
项目完成人	陈自新、钮涛、张铁聪、刘国锋、董佳、刘兴伟			
技术联系人	姓名	张铁聪	职务	副总兼信息中心主任
	联系方式	17795038886	电子邮箱	15034124@chnenergy.com.cn
获奖信息	1. 获得中华人民共和国工业和信息化部 2022 年"智能制造优秀场景"称号; 2. 2023 年 3 月,《宁夏日报》报道文章《宁夏首家数字孪生智慧煤矿让煤炭生产"耳聪目明"》; 3. 2023 年 6 月 25 日发布的《国家能源局综合司关于印发〈全国煤矿智能化建设典型案例汇编(2023 年)〉的通知》,金凤煤矿透明化综采工作面入选智能采煤典型案例; 4. 2023 年 7 月 5 日,中国煤炭工业协会下发《关于发布 2021—2022 年度煤炭行业"两化"深度融合优秀项目的通知》,《基于 TGIS 的矿井智能开采与安全管控平台》被列为重点推荐项目			
案例概述	该案例来自宁煤业公司级项目,在金凤煤矿应用。项目共分为 4 个子课题,计划通过 4 个课题的研究,形成透明化工作面核心技术和主要平台国产化,形成了透明化自适应智能开采成套技术,初步实现"基于大地坐标的自适应智能采煤"目标,确保在装备智能化的基础上实现智能开采的地表或远程"决策在线化、控制协同化"			
适用条件	该案例适用于所有生产煤矿			
主要做法	1. 基于时态地理信息系统(TGIS)的安全管控平台以矿地理空间数据库为基础,对矿井的空间位置进行坐标定位,构建实时"一张图",对矿井空间对象数据、监测监控数据、业务数据进行综合展示。包括协同管理 GIS 服务子系统、协同管理 Web 在线应用子系统、GIS 图形平台子系统、地测图形协同管理子系统、通防图形协同管理子系统、采矿辅助设计协同管理子系统、供电设计图形协同管理子系统。 2. 采用 TGIS＋建筑信息模型(BIM)技术全面构建煤矿的采、掘、机、运、通各专业子系统及工业广场建筑仿真模拟系统,实现全矿井"监测、控制、管理"的一体化,最终实现基于 TGIS＋BIM 平台的网络化、分布式综合管理系统,为煤矿安全生产管理提供保障,使远程(无须下井、身临其境)可视化井下实时巡查成为现实。三维透明化矿山综合管理平台与煤矿专用二维 GIS 平台基于统一的地理空间数据库设计,确保从数据处理、数据更新、可视化、空间分析、业务定制等方面实现二、三维一体化。基于二、三维一体化,还可在三维透明化矿山平台实现生产辅助管理、机电设备精细建模及实时工况数据展示、生产运行系统集成调度、三维通风系统分析等功能。			

主要做法	3. 工作面采用钻孔雷达勘探、槽波勘探等技术进行工作面精确建模,结合矿井原有地质、钻孔、三维地震等资料,开展三维地震数据解释。利用地震多属性数据综合解释研究区的断裂系统,精细刻画断层、裂缝及裂隙的形态和展布;利用三维地震高精度反演技术预测煤系地层(包括煤岩在内的各岩层)厚度及其展布状况。融合断裂系统、煤系地层解释成果数据,构建开采区地质模型,为智能开采的透明工作面构建提供参考和基础数据。 4. 基于5G低延迟、大带宽的特点,在工作面部署5G基站实现工作面切面5G信号的覆盖,实现采煤机信号(包括机载高清视频、传感中心、参数控制)通过5G网络传输至地面控制室和列车控制室;地面远程操作台和采煤机顺槽控制箱体内配置矿用无线转发器和智能控制模块,实现地面控制室(列车控制室)与采煤机等设备的5G通信交互。 5. 采用精确定位技术(惯性导航+测量机器人+UWB)实现工作面设备、人员的三维精确绝对定位,并将设备及人员的定位坐标发送到综合管控平台,设备坐标可随着工作面的推移实时计算和更新,为设备的精准控制提供技术基础,人员坐标可实时监测,确保人员行为的安全管控(支架联动闭锁)
解决难题	在生产过程中构建基于GIS的透明化工作面智能开采与安全管控平台,建立高精度的透明化工作面地质模型,结合5G技术集成工作面成套装备和人员的实时数据、惯性导航系统定位信息,利用人工测量及传感器实时数据动态修正工作面地质体和煤岩层数据模型,为工作面控制系统提供采煤截割线、直线度基线、俯仰采基线,指导工作面装备在复杂地质条件下的少人或无人自适应开采
取得成效	1. 减人方面。系统正常使用期间,可以减少1名采煤机司机、2名支架工,从劳动力节约效益考虑,节约的劳动力按人均收入15万元/a考虑(包括工资、劳保、养老等),每月节约的人工费用为$6\times15/12=7.5$万元/月,011815工作面回采周期为8个月,可节省费用60万元。 2. 增安方面。基于TGIS的三维透明化智能开采通过建立高精度的工作面模型,集成工作面成套装备的高精度定位数据、矿压及智能巡检信息、视频及工作面煤岩层实时识别数据等,动态修正工作面地质体和煤岩层三维模型,为工作面成套装备提供采煤截割线、直线度基线、俯仰采基线,实现对工作面设备的监测和控制,平台指导工作面设备的智能操控,达到少人和安全管控的目的。 3. 提效方面。项目率先提出基于三维透明化工作面的智能开采控制技术,基于历史和最新的钻探、地震、生产、煤岩层探测等数据,自动构建"透明工作面"地质模型;综合采用数字化、信息化、网络技术构建工作面的智能开采系统,与"透明工作面"的三维信息充分融合,实现自适应割煤和设备的连续推进,保障工作面的连续生产。平台配套复杂煤层条件的智能化开采成套装备,引领该领域研究发展方向,项目整体预期达到国际领先技术水平,并形成煤矿智能开采的成套技术体系,适用于同等煤层赋存条件的煤矿,全面提升煤炭行业开采水平和安全保障能力,人均工效提高50%,预期经济社会效益显著

案例 7　雁宝能源宝日希勒露天煤矿极寒工况 5G＋无人驾驶卡车编组运行关键技术研发应用

项目名称	雁宝能源宝日希勒露天煤矿极寒工况 5G＋无人驾驶卡车编组运行关键技术研发应用			
项目完成单位	雁宝能源宝日希勒露天煤矿		项目金额	1 465 万元
项目开始日期	2020 年 5 月 25 日		项目结束日期	2023 年 9 月 15 日
项目完成人	孟峰、于海旭、贾峰、杜志勇、王晗、海素峰、魏志丹、鹿立新、包玮玮			
技术联系人	姓名	海素峰	职务	机电副总工程师
	联系方式	18004707298	电子邮箱	11550742@chnenergy.com.cn
获奖信息	1. 获得了 2020 年国家能源集团奖励基金一等奖； 2. 2021 年 9 月，中国煤炭工业协会下发的《关于发布 2019—2020 年度煤炭行业两化深度融合优秀项目的通知》中，《极寒型复杂气候环境露天矿无人驾驶卡车编组安全示范工程》被列为重点推荐项目； 3. 入选中国煤炭工业协会 2021 年煤炭行业标杆案例； 4. 获得 2021 年第四届"绽放杯"5G 应用征集大赛智慧矿山专题赛一等奖、全国总决赛二等奖； 5. 获得 2022 年第五届全国设备管理与技术创新成果大会特等奖； 6. 获得 2022 年煤炭企业管理现代化创新成果三等奖； 7. 入选中国煤炭工业协会煤炭行业 2023 年"两化"深度融合推荐优秀项目； 8. 2023 年呼伦贝尔市重点工程； 9. 入选中国煤炭工业协会 2023 年全国煤矿智能化建设典型案例			
案例概述	该案例来自集团科研项目和安全技改项目，在雁宝能源宝日希勒露天煤矿应用。以极寒型复杂气候环境露天煤矿为应用场景，关键技术有：矿山无人运输作业自主开发的硬件系统，建立包含定位、感知、决策、规划、控制、地图、安全、健康等模块的云端、车端、仿真等在内的自主研发核心软件系统平台，形成完全自主可控的矿山无人化解决方案			
适用条件	该案例适用于在－50 ℃以上的露天煤矿单斗卡车半连续作业场景			
主要做法	1. 矿区道路不平整度自适应。车辆优化不平整度识别算法，头车行驶过的地段可对道路速度进行调节并同步机群，再将机群速度同步下发到车端，对每辆车以及每个路段进行分析。 2. 无人驾驶雷达检测效果完善。每台车上多个雷达进行数据融合感知解算，可识别车辆 360°全方位的障碍物、指示牌、车辆、碎石等所有问题，保证车辆运行过程中的安全。 3. 山区多个地形不同障碍物绕障功能。山区多雨多雪季节，容易形成坑洼、水坑、淤泥等恶劣路段，车辆新增加与完善的绕障功能可以让车辆在正常行驶过程中选择多次道路绕行。			

续表

主要做法	4. 提车与二次卸载的智能卸载技术。根据挡墙状态,车辆会自动检测分析当前状况,在挡墙允许的情况下进行挡墙卸载,同时如果检测卸载不干净还会进行二次举斗,确保卸载的完成。如果挡墙上有土、石、沙,车辆会检测并且进行平地卸载。 5. 车辆可远程进行接管。车辆在测试的过程中如果发生问题,板房拥有一套辅助设备可进行远程接管,司机在板房里就能远程遥控车辆,大大缩短了测试时间。 6. 无人驾驶技术与5G网络融合。无人驾驶技术与其他科技进行融合,首次采用5G SA+MEC独立组网方式,充分发挥5G网络大带宽、低延时的特点。 7. 极寒气候、无人员、三班不间断连续跑车拉运。首次在极寒地区以及全天候三班倒制度下进行跑车拉运,可在−50℃的极端条件下进行无人驾驶运营。 8. 智能化系统融合。无人驾驶与其他智能化系统融合,无人驾驶进行有人/无人模式切换时,可将状态同步至已有的卡车调度系统中,卡车调度系统自动登录无人司机,实现有人/无人生产计量的区分;通过遥控推土机可控制无人矿用卡车急停。 9. 矿区高精地图自动采集。实现无人矿用卡车运行中地图的增量式自动更新,解决露天煤矿作业区变化频繁带来的地图更新难题,大大缩减了采图以及地图编辑的时间。 10. 国际领先的矿区地图场景。将真实无人调度平台的地图与精准车辆动力学内核、照片级真实度的矿山场景数据进行融合,保证地图与实际的统一,实现1∶500的比例
解决难题	实现了在大雾、大雨等极端天气条件下可不间断作业,提升了生产效率,降低了运行成本,提高了煤矿的无人化和智能化水平,解决了人力资源短缺及从业人员处于恶劣环境下的健康安全问题
取得成效	1. 减人方面。只需4名矿用卡车驾驶员即可担任5台矿用卡车无人化运行的工作,替换原20名矿用卡车驾驶人员,减少16名驾驶员。 2. 增安方面。无人驾驶的普及将彻底解决疲劳驾驶、环境恶劣、违规驾驶等一系列有人驾驶的危险问题。 3. 提效方面。由于节省了交接班、休息、就餐等时间,在大雾、扬尘等极端天气下可不间断作业,同时受到集中优化调度提效的影响,5台无人驾驶矿用卡车预计每年运煤总量为433.2万t,相较有人驾驶增加50万t的运输能力,经测算,以煤炭106元/t的净盈利额,可累计增加经济效益为5 808.93万元/a

案例8　神延煤炭西湾露天煤矿5G多频混合组网技术在矿用卡车无人驾驶系统的研发应用

项目名称	神延煤炭西湾露天煤矿5G多频混合组网技术在矿用卡车无人驾驶系统的研发应用			
项目完成单位	神延煤炭西湾露天煤矿		项目金额	16 992.77万元
项目开始日期	2020年12月20日		项目结束日期	2023年12月31日
项目完成人	雷志勇、贺爱平、高小强、马小龙、高振飞、邵津津			
技术联系人	姓名	张伦	职务	生产技术部主管
	联系方式	18091992208	电子邮箱	11693032@ceic.com
获奖信息	1. 第四届中国工业互联网大赛优秀奖; 2. ICT中国创新奖(2022年度)优秀"创新应用"; 3. 2022年第五届"绽放杯"5G应用征集大赛一等奖			
案例概述	该案例来自集团科研项目,在西湾露天煤矿应用。关键技术有:5G三频混合组网、线控改造、感知与定位、粉尘检测、混合A*路径规划、远程操控等技术。解决了露天煤矿大型矿用卡车复杂道路条件下的精准环境感知、精准运动控制和混合编组高效协同作业等难题,提升了车辆运动控制精度,保障了重载车辆安全稳定运行,实现了露天煤矿大带宽、低时延的5G高速网络覆盖和矿用卡车无人驾驶技术的批量化应用			
适用条件	该案例适用于复杂运输道路下单斗—卡车间断工艺的露天煤矿			
主要做法	1. 通过使用5G授权频段,700 Mb+2.6 Gb+4.9 Gb载波聚合,三频混合组网、薄厚覆盖技术,实现了大带宽、低时延的5G无线网络覆盖,增加700 Mb频段,大幅提升小区覆盖能力,将UPF随MEC下沉至矿区数据中心,业务不出矿,保证了数据的安全。 2. 基于不改变原车操作、不影响原车功能和车辆维护、不降低原车性能的"三不"原则,完成车辆转向、举升、制动等线控改造,实现矿用卡车的无人驾驶、远程监测与操控。 3. 通过激光雷达、毫米波雷达等多传感器融合技术,采用多元特征点云二次分割算法,提升了小障碍物的检测距离,即30 cm×30 cm×30 cm障碍物最远检测距离由原来的30 m提升至60 m,解决了目标检测分裂、灰尘抑制等问题。 4. 通过大时滞的高精度蛇形抑制控制和驱制动一体化控制技术,实现矿区复杂路面环境下的全速域(0～30 km/h)安全、准确行驶跟踪与精确停车,横向误差≤30 cm,速度误差≤0.5 m/s,泊车位置误差≤30 cm。 5. 通过在电铲、轮推、履推等辅助车辆上安装定位天线、智能终端等协同设备,精确感知、深度学习,实现精准入铲、卸载,矿用卡车与辅助设备高效协同。 6. 通过激光雷达及组合惯性导航的精确地图边界采集算法,使地图采集更加便捷与精确。基于协同车辆的地图动态融合,装/卸载位动态融合更新周期≤2 s,常态化动态更新周期≤2 min。			

主要做法	7. 基于轨迹预测的避障算法比起常规算法,碰撞检测效率提升约20%,提前辨识碰撞风险,保障车辆安全性。 8. 基于安全搜索的局部路径决策方法比起其他方法,复杂矿区场景下的全流程卸载作业完全卸载成功率提升20%~30%。 9. 基于图搜索+最优控制的全局路径规划算法,解决了复杂道路全局路径规划效率低、曲率超限等问题,1 km内全局路径生成时间≤500 ms,实现了多编组无人驾驶路径的智能规划。 10. 通过搭建作业场地及车流模型,采用神经网络构建时空预测模型,优化矿用卡车行程与等待时间,达到矿用卡车与电铲最优匹配,保证安全同时实现无人驾驶矿用卡车与人工驾驶车辆混合作业下的产量最优。 11. 引入轨道交通列车安全防护系统理念,建立决策和故障分析知识库,完成453项应用场景安全风险点梳理与生产作业测试。设计车载控制、协同车辆、应急接管、地面控制四层防护与4G/5G双层网络通信保障,确保系统安全
解决难题	解决了露天矿山无人驾驶矿用卡车启停顿挫、"S"形路、往复溜车、动态绕障、跨障、粉尘误报警、精准环境感知、精准运动控制、混合编组高效协同作业等技术难题
取得成效	1. 减人方面。项目研发成功后将建成露天煤矿无人驾驶车群、运输智能调度系统,实现了露天矿用卡车无人驾驶规模化运行,安全员下车后,卡车驾驶员减少80%以上。 2. 增安方面。矿用卡车无人驾驶技术能够有效提升露天煤矿现有运输装备工作效率,最大限度降低人员的参与,在降低人工成本、改善职工作业环境的同时,减少安全事故的发生。 3. 提效方面。三频混合组网的5G专网建设,使露天采区的无线网络上行速率由原来4G专网的20 Mbps提升至180 Mbps,时延则低至20 ms,为远程操控、无人驾驶等大带宽、低时延应用提供网络支撑;无人驾驶规模化运行,卡车平均利用率提高5%以上,轮胎使用寿命增加5%以上,能耗降低2%以上

案例 9　胜利能源"机器人群＋数字管理平台" 矿山运维新模式开发应用

项目名称	胜利能源"机器人群＋数字管理平台"矿山运维新模式开发应用			
项目完成单位	胜利能源储运中心		项目金额	249 万元
项目开始日期	2020 年 6 月 25 日		项目结束日期	2022 年 9 月 29 日
项目完成人	张志文、赵奇、陈玉、张国鸣、李银广、宋文清			
技术联系人	姓名	宋文清	职务	机电技术部主管
	联系方式	17548979997	电子邮箱	546083445@qq.com
获奖信息	1. "高压开关柜智能操作机器人"入选 2020 年全国大众创业万众创新活动周展览; 2. "高压开关柜智能操作机器人"获 2021 年国家能源集团科技进步二等奖; 3. "配电室智能巡检机器人的研发与应用"获 2021 年中国煤炭工业协会"五小"技术创新成果评选一等奖; 4. "低压停送电机器人研发与应用"获 2021 年中国煤炭工业协会"五小"技术创新成果评选一等奖; 5. "开关柜智能操作机器人成果"获 2021 年中国煤炭工业协会"五小"技术创新成果评选二等奖			
案例概述	该案例来自胜利能源公司科研项目,在储运中心应用。关键技术有:停送电机器人自主纠偏技术、机械臂智能定位技术,巡检机器人采用自发电技术、视频拼接技术,大数据智能分析诊断技术及 5G 网络通信技术。解决了北方极寒天气条件下人员劳动强度大、工作风险高、巡检效率低等难题,打造了一套设备智能巡检、状态智能检测、故障智能诊断、配电室智能停送电到维修保养的完整运维新模式			
适用条件	该案例适用于露天煤矿选煤厂			
主要做法	1. 自主研发停送电机器人。采用磁力纠偏技术,实现无轨自动纠偏、定位精准,定位精度可达到 0.1 mm;利用弹性自适应技术,实现移动机器人传感器精确识别,研发柔性旋转自耦合技术,实现操作杆与被操作对象的精准耦合。 2. 自主研发带式输送机智能巡检机器人。攻克极寒天气电力无法持续供应、电池体积大、安装位置受限等技术难题,解决了作业不连续、巡检效率低等业界难题,制造了行业首台高寒地区长距离、大倾角安全稳定运行的带式输送机巡检机器人。 3. 通过可见光摄像机、红外热成像仪及其他检测仪器作为载荷系统,以机器视觉—电磁场—GPS—GIS 多场信息融合作为机器人自主移动与自主巡检的导航系统,实现配电室自主巡检。 4. 建设设备智能分析、诊断平台。利用新型机器人及设备在线监测技术,发挥大数据作用,建设带式输送机数字孪生平台,实现设备状态分层级实时监控,并对数据进行深度分析挖掘,判断设备健康状态,做到故障预警提醒			

续表

解决难题	解决了北方极寒天气条件下人员劳动强度大、工作风险高、巡检效率低等难题,奉行自动化减人、智能化无人的理念,同时打造了一套设备智能巡检、状态智能检测、故障智能诊断、配电室智能停送电到维修保养的完整运维新模式
取得成效	1. 减人方面。锚定"自动化减人、智能化少人、数字化无人"目标,对地面生产系统巡检隐患进行针对性的分析研究,通过带式输送机智能巡检代替人工巡检,停送电机器人代替专职电工,减少巡检及停送电岗位用工。 2. 增安方面。将地面生产系统打造成多单元交互的智能选煤厂,地面生产系统全方位全时域巡检,设备数据分析,迅速发现问题,智能停送电任务、检修任务实现一键式操作,根据不同检修作业场景、不同检修任务、不同检修设备,积极研发针对不同模式下的机器人及平台互联,有效避免了噪声、煤尘、设备高温高速等不良因素以及安全隐患给巡检人员带来的风险。 3. 提效方面。自主研发的电气开关柜智能操作机器人以及智能审批流程,在高低压停送电重点部位已投入使用,通过高低压抽屉柜开关的自动分析与闭合操作,年减少停送电次数达 2 400 余次,节约停送电时间 57 600 min,停送电效率提高 80%,保障了电气开关柜的安全稳定运行,进一步提升地面生产系统的生产效率

案例 10 神东煤炭上湾煤矿"绿电＋无人驾驶系统" 在井下辅助运输的研发与应用

项目名称	神东煤炭上湾煤矿"绿电＋无人驾驶系统"在井下辅助运输的研发与应用			
项目完成单位	神东煤炭上湾煤矿		项目金额	8 888.6 万元
项目开始日期	2020 年 9 月 12 日		项目结束日期	2023 年 6 月 15 日
项目完成人	王旭峰、高文才、毛自新、曹建云、王添、沈飞、高雅男、董海源			
技术联系人	姓名	董海源	职务	智能化主管
	联系方式	18047375175	电子邮箱	1486928627@qq.com
获奖信息	2022 年"国家能源杯"数字化转型创新创效方案大赛优秀奖			
案例概述	该案例来自公司级科研项目,在神东煤炭上湾煤矿应用。关键技术有:能耗管理系统(EMS)、电池管理系统(BMS)、光储充一体化电站智能运维系统、无人驾驶技术、井下精确导航定位技术。实现了绿电＋无人驾驶系统			
适用条件	该案例适用于具备无轨胶轮车运行条件			
主要做法	1. 通过光伏逆变器接入交流 400 V 母线,储能系统通过储能变流器接入交流 400 V 母线,充电桩直接接入交流 400 V 母线。在交流侧并联使用 6 套智能系统,实现源网荷储一体化管理。 2. 通过电池容量状态监控,始终保持电池荷电状态(SOC)处于较高级,电池系统运行在较浅的放电深度,增加电池循环寿命。 3. 通过源网荷储一体化管理,实时调整光伏发电功率和充电桩输出功率,使微网系统达到动态平衡,减少储能系统使用频次,延长储能系统使用寿命。 4. 通过光储充一体化电站智能运维系统,实时充放电功率曲线图、电量统计棒图、异常实时告警信息等。 5. 通过对转向、油门、制动、挡位、电量、灯光、故障诊断方面改造,实现无轨胶轮车智能线控底盘。 6. 通过 UWB、惯性测量单元(IMU)、轮速里程计、激光雷达,基于可扩展、具备容错能力的多传感器融合算法,实现井下精确导航定位技术			
解决难题	解决了防爆电动无轨胶轮车线控底盘智控、井下辅助运输车辆无人驾驶等难题,解决了导航定位精确性及电网接入问题			
取得成效	1. 减人方面。无人驾驶车辆有运人车、指挥车、材料车 3 种共计 9 辆,按每天三班使用可减少人员 27 人。 2. 增安方面。应用无人驾驶,可有效降低因驾驶人员疲劳驾驶、个人操作原因等造成辅助运输方面安全事故的发生概率。 3. 提效方面。绿电系统每年可节约电费 40 万元,全生命周期可节约电费 877 万元			

案例 11　新疆公司乌东煤矿多元融合冲击地压智能监测预警系统研发应用

项目名称	新疆公司乌东煤矿多元融合冲击地压智能监测预警系统研发应用		
项目完成单位	新疆公司乌东煤矿	项目金额	182 万元
项目开始日期	2017 年 8 月 1 日	项目结束日期	2019 年 12 月 25 日
项目完成人	李海潮、刘旭东、冯攀飞、宋炳霖、朱红伟、地里夏提·吉力力、杨升		
技术联系人	姓名	刘旭东	职务	总工程师
	联系方式	18999883352	电子邮箱	415576201@qq.com
获奖信息	2020 年中国煤炭工业协会科学技术奖一等奖		
案例概述	该案例来自新疆公司科研项目,在乌东煤矿应用。关键技术有:急倾斜特厚煤层开采冲击显现特征及压—撬耦合诱冲机理,冲击地压多元融合与智能互馈监测预警理论方法、冲击地压多元融合智能监测预警系统平台。创新发展了急倾斜煤层特殊地质条件、应力条件、开采条件下冲击地压智能化治理水平		
适用条件	该案例适用于冲击地压或有冲击倾向的煤矿		
主要做法	1. 通过急倾斜特厚煤层悬顶和层间岩柱对煤层的挤压与撬动效应,构建了"悬顶—岩柱"结构力学模型,揭示了急倾斜特厚煤层开采压—撬耦合诱冲机理,为该类开采条件冲击地压有效监测预警和防控奠定了理论基础。 2. 通过构建冲击地压多层次预警指标体系,结合随机策略、遗传算法、综合异常指数法,建立了冲击地压多元融合与智能互馈监测预警理论方法,实现对冲击主控因素的智能辨识和冲击危险状态的智能预警。 3. 通过研发冲击地压多元融合智能监测预警系统平台,实现了冲击地压时空分区分级智能可视化预警和实时在线专业化防控,大幅提高灾害预警与防治效率。 4. 通过对冲击地压多元融合智能监测预警系统平台的本地化部署,保障了监测预警平台软硬件的稳定性、预警结果的时效性、工业网络的安全性		
解决难题	乌东煤矿冲击危险预警准确率从不足 70% 提高至 90%,预警无危险准确率达 100%,显著提高了冲击地压监测预警准确度、防治可靠度及风险防控智能化水平,有效解决了冲击地压监测预警与防治难题		
取得成效	1. 减人方面。冲击地压多元融合智能监测预警系统平台应用以来,智能分析监测预警数据、导出矿井冲击地压生产日报表,每日可节约防冲技术人员 1.9 个工时,工作效能提高了 95% 以上; 2. 增安方面。项目成果应用后,乌东煤矿冲击危险预警准确率由不足 70% 提高到 90%,预警无危险准确率达到 100%,对生产作业期间对动力显现事件进行了成功预警,提醒技术员及时采取了防冲措施消除了冲击危险,避免了冲击地压导致的灾害事故。 3. 提效方面。冲击地压多元融合智能监测预警平台有力保障了矿井安全生产,安全开采了冲击地压威胁区域煤炭资源 519 万 t,创造了 13.6 亿元效益		

案例12　神东煤炭布尔台煤矿井下灾害
综合预警监控系统研发与应用

项目名称	神东煤炭布尔台煤矿井下灾害综合预警监控系统研发与应用			
项目完成单位	神东煤炭布尔台煤矿		项目金额	523.65万元
项目开始日期	2020年2月5日		项目结束日期	2020年12月31日
项目完成人	任建慧、李宣良、刘春生、宋小飞、刘耀辉			
技术联系人	姓名	任建慧	职务	主任
	联系方式	18047388848	电子邮箱	249015897@qq.com
获奖信息	无			
案例概述	该案例来自国家能源集团矿压重点实验室项目,在布尔台煤矿应用。关键技术有:基于"多参量综合预警算法＋实时数据采集＋综合数据分析"的技术,利用多种软硬件接口,构建全矿统一、稳定和高效的灾害集控综合平台。该平台以煤矿灾害预测预报和防治为主线,对矿井灾害"分类、评价、解危、预警、检验、支护、管理"等主要环节进行多因素全流程的数据采集、智能分析、措施优化,将矿井灾害事故预防向事先预警与预控方向发展,实现矿井灾害智能化决策			
适用条件	该案例适用于复杂地质条件井工煤矿			
主要做法	(一)灾害预警监控平台系统架构 灾害预警监控平台由数据采集助手、监测预警平台主监测分析软件和云传输软件三大部分组成。数据采集助手主要从各子监测系统数据库采集数据至监测预警平台数据库;主监测分析软件主要实现对已采集数据进行多参量预警、数据查询、自动报表等功能;云传输软件将本地数据上传至网络,实现数据的远程传输。 综合监测计算机监测软件安装完成后,通过数据获取助手在局域网内完成数据的采集,实时读取和记录基础监测数据至监测预警平台服务器内的数据库内。灾害预警监控平台通过实时读取并刷新本机的数据库文件,实现各子系统数据的实时展示和处理分析等功能。与此同时,云数据上传助手将本地数据库同步至云数据库,实现数据的多终端实时共享。 (二)灾害预警监控平台相关功能 1. 数据自动采集功能。实现矿井现有的矿压在线监测系统(包括煤层应力、微震、支架阻力等)数据的自动采集,自动采集的数据字段完全按照中国人民共和国应急管理部的传输协议要求进行采集,满足与上级监管部门数据传输。 2. 多系统综合展示功能。实现全矿井各监测设备数据和工作状态的综合展示和实时刷新,实时掌控全矿井范围内危险区分布和危险等级,同时实现多个监测系统的统一管理,监测数据可实现多个维度的展示,三维矿图中能够展示各监测系统测点的详细信息以及一段时间内测点的变化曲线等统计功能。			

	3. 数据分析和综合预警功能。在统一时空框架的"一张图"上对各工作面及重点监测区域的开采进度、监测设备运行状态、数据采集质量等进行综合监控,实现基于位置信息的矿压多参数综合分析,以百分制形式定量确定区域矿压监测指标。采用自主研发的多变量综合预警算法对接各在线系统,结合静态的评价结果以及矿井一段时间内监测系统的统计情况,合理选择预警指标并赋予不同的权重系数,最终得出矿井不同监测区域的预警值,分为综合预警值和局部预警值,更符合矿井实际。
	4. 重点监测区多系统联合分析功能。可实现应力预警测点(或微震大能量事件)一定空间范围内的其他应力测点(地音测点、微震事件等)监测数据查询和展示,了解当前预警范围内各设备总体监测结果,为分析危险原因和选择治理措施提供依据。
	5. 历史数据查询功能。可同时查询和显示多个系统历史数据,了解某一时间段内各监测设备整体运行情况。
	6. 综合报表生成功能。通过平台软件可实现一键生成日报、周报、月报等监测报表功能。
	7. 数据远程传输功能。可实现原始数据与综合分析结果的实时远程同步,数据平台接口须开放,能够按照上级要求完成数据上传工作。
主要做法	8. 矿压相关数据融合功能。在统一时空框架下,将监测系数据(应力、微震、综采支架等)、地质构造(断层、褶区、陷落柱)、生产进尺、钻检数据、卸压工程在防冲"一张图"进行综合分析展示。
	9. 监测数据可视化功能。能够将所有在线监测系统测点布置、监测信息全部以三维形态展示在图中,根据选择的数据,以饼状图、折线图和曲线的形式展示出来,便于结合周围设备、地质、采动信息做出判断分析,柱状图显示能够进行自定义设置,且柱状较多时自动分屏轮询展示。
	10. 警示报警功能。对报警信息采用声光报警的方式,对于报警信息首先进行初步排查,对于故障的小问题,解决后备案即可;对于较大事故按照各矿防冲要求逐级上报,系统中设计有闭环管理的程序,方便对预警信息反馈进行查询,便于管理。
	11. 重点监测区轮询展示功能。可实现多工作面实时监测数据的自动轮询展示,能够自定义轮询主题界面(设备状态、实时数值、云图、柱状图等),方便监管人员实时查看动态信息。
	12. 工作面自动填图功能。输入采掘工作面进尺施工坐标,在三维矿图中自动填图,工作面监控的自动布局帮助用户从时空角度更好地掌控各采区实时推进信息,为地质、开采技术条件对矿压危险性的实时评估提供可靠的基础数据

续表

解决难题	1. 解决了无数据自动采集功能的难题。矿井现有的矿压在线监测系统数据的自动采集,自动采集的数据字段完全按照中华人民共和国应急管理部的传输协议要求进行采集,满足与上级监管部门数据传输。 2. 解决了无数据分析和综合预警功能的难题。在统一时空框架的"一张图"上对各工作面及重点监测区域的开采进度、监测设备运行状态、数据采集质量等进行综合监控,实现基于位置信息的矿压多参数综合分析,以百分制形式定量确定区域矿压监测指标。 3. 解决了无历史数据查询的难题。可同时查询和显示多个系统历史数据,了解某一时间段内各监测设备整体运行情况。 4. 解决了工作面无自动填图功能的难题。输入采掘工作面进尺施工坐标,在三维矿图中自动填图,工作面监控的自动布局帮助用户从时空角度更好地掌控各采区实时推进信息,为地质、开采技术条件对矿压危险性的实时评估提供可靠的基础数据
取得成效	1. 减人方面。降低了人工处理数据的劳动强度。平台可自动进行数据处理,不需要专人进行数据处理,减员达 5 人/d。 2. 增安方面。(1)矿压灾害预测预警,保证矿井安全开采。以往煤层应力监测系统采用划定临界预警应力值的简单方法进行实时预警,忽略了其增幅、增速等有效指标;微震系统可以确定发生震动的位置和能量大小,但未和预测预警挂钩。该平台可对矿压灾害进行预测,且超过预警指标后实时预警,矿井可提前采取对应措施,防止灾害发生,确保矿井安全生产。(2)消除了人工处理数据的误差,提高了矿井监测数据的准确性。以往矿井使用的各参量监测数据大多为人工定时分析,数据人为干预程度较高,且监测数据实时共享性及联合分析的时效性较低。该平台可按照预先设定指标进行智能分析和实时监测,且数据实时上传直接显示在平台上,可随时调取数据,极大地提高了安全性。 3. 提效方面。实现了数据多参量综合分析。该平台解决了以往矿井监测系统多、监测参量单一且独立、各系统监控主机分散、监测结果很难进行有效的联合分析等缺点,实现了同维度多参量数据综合分析及实时预警,极大地提高了效率

案例 13　准能集团选煤厂"生产控制＋运营管理"标准数据库及管理系统研发与应用

项目名称	准能集团选煤厂"生产控制＋运营管理"标准数据库及管理系统研发与应用		
项目完成单位	准能集团准能选煤厂/哈尔乌素选煤厂	项目金额	1 000万元
项目开始日期	2021年4月16日	项目结束日期	2022年8月31日
项目完成人	杨胜利、雷晓树、乔治忠、刘安重、吕胜、杨伟民、王凯雄、廉凯、李志军、刘玮、史岩岩		
技术联系人	姓名	张浩宇	职务	技术管理
	联系方式	13789771585	电子邮箱	20082455@ceic.com
获奖信息	获得"智能化选煤厂建设管理数据标准化技术规范""智能化选煤厂建设控制数据标准化技术规范"称号		
案例概述	该案例来自准能公司科研项目,在准能选煤厂和哈尔乌素选煤厂应用。关键技术有:数据集成、元数据管理、数据字典建设与管理、数据标准化、数据资源化。实现了选煤数据标准化、集成化、资源化管理,消灭了"数据孤岛",为选煤生产控制和运营管理提供了标准数据支持		
适用条件	该案例适用于智能选煤厂的生产控制和运营管理		
主要做法	1. 通过建立通用控制系统字典、厂用控制字典以及管理数据字典,形成标准数据字典作为数据标准化与整个系统的核心。 2. 通过对哈尔乌素选煤厂与准能选煤厂10车间已有控制点的起停车、保护报警、环境检测、工艺参数检测、视频监控、安全检测等近50 000条元数据收集整理,提炼出控制字典。 3. 通过统一接口数据为统一资源定位符(URL)方式应用程序接口(API)对外提供数据服务,API通道通过标准数据管理平台可进行查询。读取集控系统历史数据的是Web API接口,各数据库通过标准数据平台提供的接口实现数据间的互通共享。管理类数据以关系型数据库存储,按数据属性与类别建表。 4. 选煤标准数据管理系统通过对生产前后数据、集团公司数据进行数据标准化后输入对应的标准历史数据库、控制字典、管理字典、数据平台管理系统、标准管理数据库五大模块实现数据系统化管理		
解决难题	解决了不同车间、部门在不同业务信息数据无法互通,无法统一进行利用的"数据孤岛"问题。实现了选煤数据标准化、集成化、资源化管理,为选煤生产控制和运营管理提供了标准数据支持		

取得成效	1. 减人方面。主要通过对选煤过程中来自不同生产、管理系统的关键数据统采集、整理和分析,为生产决策提供精确的数据依据。在员工数量和配置上,可以根据数据反映出的实际情况进行合理的调整和优化,实现减少人力成本的目标。 2. 增安方面。通过建立标准数据库,收集和分析机电设备与安全相关的数据,包括事故记录、巡检记录、设备运行数据等,可以更全面地评估选煤厂的风险情况。基于这些数据,可以进行风险预警和风险控制,及时发现问题,并采取相应的措施避免事故的发生。在数据化风险管理、标准化安全操作、预防性维护、员工培训和安全意识提升、事故分析和改进提升等方面都能有较大提高。 3. 提效方面。建立标准数据库后,可以对选煤厂的生产过程进行多系统的全面监控和管理。实现数据化生产管理,收集和分析与生产相关的数据,包括原料成分、产品质量指标、生产设备的运行状态等,可以及时了解生产现状,识别问题和瓶颈,并采取相应的措施进行调整和优化。有效为生产过程优化和流程改进、水电资源合理配置、设备预测性维护、数据驱动决策提供全面数据支持

案例14 乌海能源骆驼山选煤厂基于"互联网＋"技术的关键设备故障监测与预测性维护系统研发应用

项目名称	乌海能源骆驼山选煤厂基于"互联网＋"技术的关键设备故障监测与预测性维护系统研发应用		
项目完成单位	乌海能源骆驼山选煤厂	项目金额	275.491 5万元
项目开始日期	2021年6月10日	项目结束日期	2021年8月10日
项目完成人	郝俊飞、李进、冀磊、刘玉明、石峰、刘洋、高燕军、张胜龙、罗鑫宇、李兆涵、杨东、张有东、赵星宇		
技术联系人	姓名	李兆涵	职务	技术员
	联系方式	17614732748	电子邮箱	20064666@ceic.com
获奖信息	无		
案例概述	该案例来自乌海能源专项资金项目,在骆驼山选煤厂应用。关键技术有:智能告警、全闭环智能自动诊断、微服务架构工业互联网技术框架(B/S)、低功耗无线传输、边缘计算等技术。实现对关键设备智能监测、故障预警与故障诊断,代替传统的点巡检,达到无人化或少人化的目标		
适用条件	该案例适用于选煤厂关键设备故障监测与预测性维护		
主要做法	1.通过建立监测体系对传动设备的运行安全生产态势进行辅助管控,实现关键设备监测数据的多维分析、报表查询、故障预判等功能。 2.通过对关键设备的振动、温度数据采集和振动频谱数据分析,实现关键设备日常运行中振动数据的特征提取、关联规则制定,从而有效识别异常数据,为设备故障早期预报、预警提供有效支撑,为设备运维降本增效提供支持。 3.通过建立统一的设备信息综合管理和信息共享平台,进行集中化管理,打破机电设备的"数据孤岛"。系统通过标准接口,接入分布式控制系统(DCS)数据,及时了解设备运行状况,指导组织生产。 4.通过生成传动设备运行分析报告,形成传动设备的优化分析建议及运维指导,进而形成数据资产,便于设备数据资产管理		
解决难题	有助于提高设备运行效率,降低维护成本,实现对关键设备智能监测、故障预警与故障诊断,代替传统的点巡检,达到无人化或少人化的目标		

取得成效	1. 减人方面。以设备故障在线监测诊断系统逐步替代人员点检,有效降低设备点检人员的工作负荷,提高设备状态掌控能力,生产岗位员工由固定岗位改变为巡检岗位,减少设备管理人员10人。通过优化维护、检修技术标准及定修模型,有效延长设备定修周期,减少检修次数,逐步改变以往"欠修""过修"行为,向精准维修转变,切实降低设备运维成本。 2. 增安方面。本系统可对关键机电设备早期故障进行预警和预诊断,通过对设备进行实时监控,及时发现设备潜在的故障和问题,提高设备管理效率,降低设备操作人员的劳动强度,采取措施进行维修和更换,避免设备在生产过程中出现故障,提高设备的安全性能,保障安全生产。 3. 提效方面。本系统可提高设备可靠性和稳定性,及时发现设备的早期故障和问题,提前采取措施进行维修和更换,减少设备故障造成的生产中断次数和计划外停机时间,提高生产效率。同时优化设备的维护计划,对设备进行实时监控和维护,延长设备使用寿命,减少设备损坏和更换频率,降低设备维护成本,提前进行维护和更换,避免设备过度维护和浪费人力、物力

案例15　神东煤炭选煤厂基于"灰分在线感知＋分选智能控制"技术的智能决策系统开发应用

项目名称	神东煤炭选煤厂基于"灰分在线感知＋分选智能控制"技术的智能决策系统开发应用		
项目完成单位	神东煤炭洗选中心	项目金额	800万元
项目开始日期	2021年8月1日	项目结束日期	2023年6月30日
项目完成人	郭建军、李江涛、张海生、王安佳、何红为、燕建华、张新明、窦红庆		
技术联系人	姓名	王安佳	职务	智能化主管
	联系方式	15247787431	电子邮箱	10034598@chnenergy.com.cn
获奖信息	无		
案例概述	该案例来自公司选煤厂智能化建设项目,在神东煤炭洗选中心应用。关键技术有:多维度协同的煤炭灰分在线精准感知技术、煤泥水处理相界面在线精准感知技术、煤泥水粒度在线精准感知技术、煤泥水处理智能控制技术、重介质分选智能控制技术、智能化装车技术。基于以上技术,依托集团公司云网底座和构建的数字底座,开发智能决策系统,实现了选煤厂生产方式的定制精准组织、生产系统各环节的动态协同、生产设备故障智能诊断		
适用条件	该案例适用于选煤厂生产组织和业务管理		
主要做法	(一)整合业务架构,构建智能决策模型 对生产运营、机电管理、安全管理等核心业务进行梳理,将功能模块细分后,以纵向到底为原则,贯穿生产一线、选煤厂管理层、公司决策层,为智能决策提供同源同质数据报表,再将业务数据进行横向整合。以生产运营层面的关键需求为目标,生产业务、机电管理、经营成本等数据为基础依据,采用各类数据算法及统计方法,形成对关键目标参数的计算和推演,辅助业务管理人员和领导决策层对生产运营的重点事项进行辅助决策。 (二)建立基于定制精准生产的智能决策系统,形成选煤厂智能化建设的"大脑" 构建了包含原煤煤质数据、生产工艺、作业成本、产品预测、产品价格和经济效益等在内的生产数据库;建立了包括临界收益模型和盈亏平衡模型等在内的生产评价模型库;根据用户需求和效益最大化原则,在数据库和模型库基础上,以选煤知识库和AI算法库为指导,通过决策支持的协同智能管理各选煤厂的生产组织、工艺参数和作业成本,实现了精准定制生产的智能决策。 (三)实现生产系统各环节的动态协同,打造选煤厂全流程智能控制生产线 选煤厂工艺系统实现了筛分破碎、分选系统、煤泥水系统和配煤装车系统的全生产链条联动智能控制。控制数据和工艺数据均能实现索引和互通。 1.生产系统一键切换。通过改造系统内闸板控制方式、建立生产方式自动切换控制模型,实现了不同生产方式的快速切换。根据生产需求自动改变煤流走向,实现闸板开度		

主要做法	的量化控制,明确显示生产系统的生产方式和状态,极大提升了生产系统自动控制水平。 2. 智能分选系统。根据原煤质量、密度组成、分选产品质量等历史数据,结合生产中原煤、精煤、矸石的实时数量和质量、精煤灰分设定值等数据,建立实时悬浮液密度预测模型,实现悬浮液密度随原煤煤质变化自动设定;根据产品实时灰分反馈调节循环悬浮液密度设定值,建立悬浮液密度调节控制模型,智能控制掺介分流、补水和介质添加,实现循环悬浮液密度、液位、煤泥含量、压力的稳定控制,最终实现智能分选。 3. 智能加药系统。实现浓缩机智能加药系统及运行参数在线监测,实时监测浓缩机入料浓度、清水层高度、药剂流量数字信息,为选煤厂智能化管理提供科学依据,技术参数在调度室上位机保存,可以实时调阅分析,应用数理统计原理进行数据分析,获取管理信息。 4. 智能装车系统。通过专用的传感器技术采集料仓、配煤、火车等全部数据,通过深度学习,给出配仓方案、配煤方案,控制火车及装车系统动作,实现精准配煤与无人装车。 (四)实现生产设备故障智能诊断,保障系统高效运行。 1. 设备全生命周期管理。主要依托设备在线监测、巡检机器人、智能视频等装置对设备进行在线监测,通过中继器将数据上传至服务器,通过关联企业资源计划(ERP)设备中的物料清单(BOM)数据、维保日志和设备健康管理标准,形成设备全生命周期管理模型,智能推送至包机人,通过智能润滑和调整生产等方式消除设备隐患,为设备运行提供技术支撑。 2. 设备故障管控。当设备发生故障时,系统触发故障标准数据工单,将故障原因和处理意见智能推送至当班责任人,责任人通过现场实时视频确认并处理故障点,形成故障整治闭环管控。 3. 设备任务管理。建立设备任务管理标准数据模型,按照任务属性、工作类别形成待办任务,智能推送至责任人,做到设备高效维护、闭环管控。 (五)依托集团公司云网底座,打通选煤厂智能决策系统的数字"高速公路" 依托集团公司构建了一套适用于选煤厂数字化转型需求的数据底座,主要包括统一数据标准、数据接入与存储、算力与算法集成和数据应用。 1. 统一数据标准。依托集团公司的云网底座,建立选煤智慧工厂的内部通信网络。底层控制器实现单机控制器之间的信号索引、互通以及底层数据传输协议标准的统一;在选煤厂内建立适合各类仪表及传感器的通信网络,上行可实现 5G、4G、以太网传输,下行可满足 ZigBee、433 MHz 无线通信、LoRa、Wi-Fi、标准 Modbus TCP 协议要求,满足大容量数据传输和数据安全需要。 2. 数据接入及存储。以集团公司云网底座为基础,建立数据服务接口平台,将底层数据按照统一标准上传至公司数据库,建立规范统一的数据流转路径。 3. 数据应用管理。按照选煤厂的业务特点,设计数据应用统一架构,各业务模块实现权限管理,实现业务联动和数据多样化展示。设置基于业务的专职数据分析师,从"用"的层面拓展和深化应用场景,优化、整合、精简数据模型,以结果和应用为导向,形成基于应用的数据治理和算法优化管理体系

解决难题	解决了选煤厂生产系统不联动、生产设备"欠修"或"过修"、"数据孤岛"、系统孤立、生产业务不联动和现场工人工作繁重的问题
取得成效	1. 减人方面。项目成果的应用能够大大减少现场操作人员,有效降低劳动强度,大幅提升工作效率,生产一线将减少33个固定岗位,转岗60余人。 2. 增安方面。员工接触煤尘、噪声的时间缩短,职业病发病率持续降低,近两年新增职业病数量为零。 3. 提效方面。2021—2022年,选煤厂电力消耗减少2.5%以上,设备故障率从0.04%降低到0.01%,人工工效从416 t/工提升到459 t/工,员工接触粉尘、噪声的时间每年减少1 500 h。利用生产工艺系统的智能切换功能,充分发挥选煤厂两级配煤作用,实现了煤炭洗选价值,产生直接经济效益约1.5亿元。该系统的应用为选煤厂清洁、低碳、智能、高效发展提供了新的解决方案

第二部分 国家能源集团 煤矿智能化建设 10 项典型案例

案例 1 神东煤炭乌兰木伦煤矿矿鸿微机综合保护装置 在井下供电系统的研发应用

项目名称	神东煤炭乌兰木伦煤矿矿鸿微机综合保护装置在井下供电系统的研发应用			
项目完成单位	神东煤炭乌兰木伦煤矿		项目金额	500 万元
项目开始日期	2022 年 1 月 3 日		项目结束日期	2023 年 2 月 3 日
项目完成人	沈秋彦、张拴民、姜晓宇、史洪恺、石听听			
技术联系人	姓名	史洪恺	职务	技术员
	联系方式	18047383940	电子邮箱	502698638@qq.com
获奖信息	无			
案例概述	该案例来自集团公司科研项目,在乌兰木伦煤矿应用。关键技术有:万物互联、人机互联、机机互联、万物感知等。解决了国外操作系统断供、限制二次开发等风险,且现有保护装置功能老旧、独立运行存在"数据孤岛"现象,无法准确判断、排除故障,威胁着井下作业人员安全。集团公司提出了"矿鸿"概念,要求矿井设备实现万物互联、智能互联,软硬件达到 100% 国产化,实现自主化、智能化、现代化矿井			
适用条件	该案例适用于煤矿井下防爆馈电开关、高压开关柜等供电设备			
主要做法	1. 将井下变电所防爆开关内的综合保护器更换为矿鸿微机综合保护装置,该保护器基于国产矿鸿操作系统,具有分布式网络防越级跳闸功能。支持手机碰连功能,具备手机 App 合闸、分闸、电子挂牌、摘牌、保护定值修改、数据查看等功能。 2. 安装矿用隔爆型电力监控分站,保护装置采用以太网通信方式接入分站,并接入矿方管控平台集中管理。 3. 安装碰连服务器,手机碰连保护开关实现实时参数的读取/设置、保护分合闸、历史告警信息、电子挂牌操作;安装碰连服务器实现整套分站下的设备信息读取,可以控制和设置多个设备的运行状态,可以查看供电系统图形。实现手机 App 远程合闸、分闸等功能。 4. 将井下变电所保护装置接入自动化平台系统,通过自动化平台实现远程分闸、合闸			

续表

解决难题	解决了国外操作系统断供、限制二次开发的困难,消除了现有保护装置功能老旧,独立运行存在"数据孤岛",无法准确判断、排除故障的问题
取得成效	1. 减人方面。实现手机远程智能控制功能,手机端停电、送电、漏电试验、保护定值参数修改等功能,减少了停送电、巡检岗位工。 2. 增安方面。通过应用矿鸿微机综合保护装置,对供电设备的故障判断、排除有极大的提升,避免了作业人员因长时间查找故障而导致意外事故发生,为井下安全生产保驾护航。 3. 提效方面。(1)软件国产化后,使用性能不受任何条件限制,保证了长期使用的稳定性,维护操作也更容易上手,为高效生产创造了条件。(2)采用分布式网络防越级跳闸原理,防止供电越级跳闸;发生供电故障时,能快速判断故障位置并及时排除,缩短停电时间,避免发生大面积停电事故。(3)国产化配件采购不再受到限制,采购周期短,为持续稳定高效生产提供了保障

案例 2　宁夏煤业梅花井煤矿大倾角厚煤层复杂地质条件下综采自动化控制技术研究应用

项目名称	宁夏煤业梅花井煤矿大倾角厚煤层复杂地质条件下综采自动化控制技术研究应用			
项目完成单位	宁夏煤业梅花井煤矿		项目金额	375 万元
项目开始日期	2020 年 1 月 28 日		项目结束日期	2021 年 12 月 31 日
项目完成人	蒙鹏科、张杰文、张森、蒋栋、刘宸、陈文、何学源、常立华			
技术联系人	姓名	陈文	职务	副队长
	联系方式	15500818220	电子邮箱	285294199@qq.com
获奖信息	无			
案例概述	该案例来自宁夏煤业梅花井煤矿智能化建设项目,在梅花井煤矿应用。关键技术有:大倾角厚煤层液压支架架型自动调整、双向开采大倾角厚煤层自动化连续推进、分组定向移架、防下滑移架、带压移架等技术。实现了工作面刮板输送机"上窜下滑"的有效控制,实现了双向开采大倾角厚煤层自动化连续推进技术的应用			
适用条件	该案例适用于厚煤层/大倾角采煤工作面			
主要做法	1. 通过液压支架电液控制系统,实现了大倾角厚煤层液压支架架型自动调整,实现了数据上传、立柱压力检测、推移行程定量检测、自动补液、自动喷雾、跟机自动移架、推溜、远程控制、工况监测及控制功能;实现了顺槽集中控制中心、地面集中控制中心对液压支架自动跟机的远程操作以及工作面推进自动找直、精准推溜等功能。 2. 通过采煤机控制系统,实现了采煤机工况检测、姿态检测、摇臂振动检测、故障诊断等功能;实现了采煤机精确定位、直线度等智能感知功能;实现了采煤机自动开停机、机载无线遥控、记忆割煤(含三角煤)、远程操控等控制功能。 3. 通过泵站集成供液系统,实现了乳化泵站的信息检测与上传、自动配比补液、清水过滤、高低压多级过滤、高压自动反冲洗、自动卸载、乳化液浓度在线监测、恒压供液、流量自动调节、电磁卸载控制、自动变频运行等功能;实现了液压支架智能喷雾、喷雾泵站与采煤机联动、泵站运行时间均衡控制、泵站的工作面内闭锁、泵站启停的语音预警、泵站的无人值守等功能。 4. 通过集中控制系统,实现了破碎机、转载机、刮板输送机的顺序启停控制、一键启停控制、刮板输送机链条自动张紧等功能;实现了刮板输送机、转载机、破碎机的单设备远程启停控制、煤流自适应调速等功能;实现了工作面转载机、刮板输送机的煤量检测和智能调速功能。 5. 通过工作面视频监控系统,实现了在视频显示器上跟随采煤机自动切换视频画面的功能;实现了顺槽集中控制中心对液压支架、刮板输送机和采煤机的视频监控功能			

解决难题	111801自动化综采工作面是目前国内首个实现全工作面自动化技术的大倾角厚煤层工作面(平均开采角度为28.5°,平均煤层厚度为3.54 m),攻克了大倾角厚煤层自动化开采过程中防止刮板输送机"上窜下滑"、液压支架架型自动控制等世界性技术难题。 在国内率先实现了双向开采大倾角厚煤层自动化连续推进技术,能够自动控制优化"双向进刀"开采控制工艺,极大地提高了开采效率,平均开采速度可达到9.3 m/min,当日最高产量为17 600 t
取得成效	1. 减人方面。目前队伍有121人,除去管理人员共112人,实现自动化开采后减少31人。 2. 增安方面。以采煤机记忆割煤为主、人工远程干预为辅,以液压支架跟随采煤机自动动作为主、人工远程干预为辅,以综采运输设备集中自动化控制为主、就地控制为辅,以综采设备智能感知为主、视频监控为辅,最终形成了集视频、语音、远程集中控制为一体的综采工作面自动化控制系统,即"以工作面自动控制为主、监控中心远程干预控制为辅"的自动化生产模式,实现"无人跟机作业,有人安全值守"的开采理念。 3. 提效方面。实现了双向开采大倾角厚煤层自动化连续推进技术,能够自动控制优化"双向进刀"开采控制工艺,极大地提高了开采效率,平均开采速度可达到9.3 m/min,当日最高产量为17 600 t

案例 3 神东煤炭榆家梁煤矿无人化智能开采技术 在较薄煤层工作面的示范应用

项目名称	神东煤炭榆家梁煤矿无人化智能开采技术在较薄煤层工作面的示范应用		
项目完成单位	神东煤炭榆家梁煤矿	项目金额	2 399 万元
项目开始日期	2018 年 9 月 10 日	项目结束日期	2023 年 9 月 30 日
项目完成人	白正平、丁文博、李明利、韩雷、云孝义、赵云飞、云龙、刘小飞		
技术联系人	姓名	云龙	职务	智能化主管
	联系方式	18049328096	电子邮箱	651103004@qq.com
获奖信息	2022 年中国煤炭工业协会科学技术奖一等奖		
案例概述	该案例来自公司级科研项目,在榆家梁煤矿应用。关键技术有:三维动态数字模型建模方法、安全快速"信息高速公路网"、采煤工艺驱动引擎技术、自适应规划截割控制技术、液压支架主从调度控制技术、三角煤无人化生产技术、两巷协同推进控制技术等。实现了智能化无人工作面采煤效率首次超过人工割煤效率,圆班生产效率提升 20%。智能化无人采煤工作面工艺实现常态化运行,持续运行时间超过 6 个月		
适用条件	该案例适用于薄煤层		
主要做法	1. 通过引进先进的激光扫描和惯性导航技术研制轨道机器人,对综采工作面进行三维扫描,建立工作面实测数字模型。通过提取截割顶板交线,结合惯性导航位置姿态数据和导入的绝对坐标生成精确三维数字模型。 2. 部署万兆路由(带防火墙)交换机、5G 客户前置设备(CPE)适配模组等关键网络通信设备,搭建虚拟局域网(VLAN)划分+外部防火墙网络威胁检测(NTA)映射+网络状态管控的综采网络监控管理平台。实现综采工作面视频、传感、控制数据隔离以及局域网私有化管理,提高工作面自动化通信控制平台稳定性。 3. 首创了综采工作面采煤工艺引擎技术,实现采煤机、支架的上位机调度控制。该技术能按照工艺表工艺阶段任务控制采煤机执行割煤动作,也能控制支架电液控跟机动作,可根据实际生产情况实现采煤机割煤工艺的跳转、工艺表控制功能开关等。 4. 提出了采煤机自适应规划截割控制技术,从软件算法方面实时收集一个割煤循环内的滚筒截割高度数据,计算整个割煤循环过程中滚筒最合理的截割高度数据。再使用差值算法、滤波算法计算每个支架位置滚筒最佳高度。增加人工干预修正使模板数据以更符合现场开采条件。实时在线修正模板数据,实时更新主机下发模板数据。 5. 提出液压支架主从调度控制技术,液压支架主从调度控制技术是基于采煤工艺引擎的液压支架控制系统来实现跟机自动化应用。不同于以往的支架跟机控制,当前技术实现方案是由采煤工艺引擎定义支架跟机自动化,对支架单机自动控制逻辑进行优化,支持支架控制系统程序标准化运行,可满足任意采煤工艺。 6. 通过采煤工艺引擎,对三角煤割煤工艺进行再细化,对采煤机与支架配合、采煤机与刮板输送机配合、支架与刮板输送机配合、采煤机滚筒高度精准调整等工艺参数进行编辑,实现三角煤完成无人化生产。 7. 通过采煤工艺驱动引擎与 LASC 数据、工作面推进度、两端头安全出口数据相融合,编辑工艺表实现工作面自动找直和运输机"上蹿下滑"控制。通过构建液压支架推进度		

主要做法	散点模型,融合两巷伪斜量、运输机"上蹿下滑"状态、工作面直线度的动态调控需求,定量分析、决策下一割煤循环液压支架推进度预设量,保证了工作面连续推进过程中推进度状态可动态调控。 8. 部署综采工作面大数据平台实现井下实况监控、生产统计分析、设备故障诊断、历史数据查询、报警与事件提醒、设备工况分析,分析结果应用于生产指导,实现设备故障预警、连续推进生产建议,为工作面生产智能决策提供数据支撑。 9. 部署基于全工作面跟机视频及固定点视频的智能图像识别系统,辅助操作员识别异常情况。通过全工作面视频、固定点部署增强视频实现图像采集,再应用智能识别算法,实现工作面异常工况主动报警,辅助操作员远程监控。 10. 工作面部署了网络型支架控制器,集成了煤机红外信号感知、人员接近感应、通信状态检测、支架传感数据采集、远程协同调度等功能,与人员定位标识卡配套使用,保证生产期间巡视人员安全;与手机配合实现局部支架状态监视、远程操作。 11. 工作面运用了采煤机电缆拖拽技术,系统在机尾处布置驱动装置、通过传动链条带动拖拽滚筒和电缆运行,与采煤机行走同步驱动,自动收起或放出上层电缆,从而保证采煤机牵引过程电缆不出现多层折叠及其他问题。 12. 在行业现有"井下自动化开采、有人跟机巡视、远程干预操作"开采模式基础上,通过无人化成套装备技术应用,提出并实践了新一代智能化无人采煤控制技术方法,探索出"0+2+2[工作面无人+井下2人(顺槽1人、跟班队长1人)+地面集控2人]"的无人化工作面采煤模式
解决难题	解决难题有:受煤层赋存变化大,探测手段少,自主割煤缺少数据支撑,工程质量无法得到有效保证,无法达到三直两平;井下智能化系统与矿井生产网共用一个网络,网络抗风险能力较差,容易出现网络风暴,影响网络安全;采煤机与支架独立运行,协同性差,不能适应复杂工况;电液控程序不稳定,容易丢架,从而造成机电事故;面对运输机"上蹿下滑"无法实现自动加甩刀控制
取得成效	1. 减人方面。区队编制人数由78人减少至48人,井下单班作业人数由11人减少为2人(在两顺槽监护),工作面作业人数由8人减少为0人。 2. 增安方面。(1)实现无人则安。将工人从狭小的作业空间解放出来,避免移动设备、炸帮等伤人风险,实现生产期间的安全。(2)降低劳动强度。员工不必在低矮的工作面频繁穿梭,有效降低了劳动强度,减少员工作业风险。(3)员工作业模式由"危"转"安"。以前员工是各个岗位的操作工,需要与设备"密切接触",现在转变为监护工,只需在屏幕前监护设备运行,真正由"煤黑子"变为"煤亮子"。 3. 提效方面。(1)运行效率提升。煤机运行速度、支架拉架速度不再受员工体力的影响,支架在7 s内就能完成自动移架,煤机根据工况自动调节速度,较人工操作效率提升30%。(2)有效开机率提升。无人采煤常态化运行以来,设备自动化率稳定在95%以上,干预率控制在5%以内。通过自主规划截割,减少人为因素造成的设备故障,设备故障时间由16.64 h/月降为7.11 h/月,故障率降低57.3%,月均设备开机率达到90.46%,综合生产效率实现较大增长。(3)人工工效提升。常规生产每个生产班至少需要11人,每天平均割煤12刀;现每班4人生产,每天均衡割煤14刀,工效提高约60%。(4)煤质大幅提升。之前工作面沿顶割底,为便于行人,控制采高为1.7 m,实现无人化后,采高可降低至1.6 m,割底量减少0.1 m,每天少割岩约446 t,降低了原煤灰分,发热量增加约1 197 kJ/kg

案例 4　神东煤炭保德煤矿井下"一机多能" 巷道巡检智能安全指挥车研发应用

项目名称	神东煤炭保德煤矿井下"一机多能"巷道巡检智能安全指挥车研发应用			
项目完成单位	神东煤炭保德煤矿		项目金额	152 万元
项目开始日期	2021 年 9 月 1 日		项目结束日期	2023 年 9 月 1 日
项目完成人	张海峰、赵春光、阮进林、高鹏、孙源			
技术联系人	姓名	高鹏	职务	智能化主管
	联系方式	18049323331	电子邮箱	20051666@ceic.com
获奖信息	无			
案例概述	该案例来自国家能源集团 2021 年科研项目,在保德煤矿应用。关键技术有:煤矿井下巷道非结构化场景形变及沉降判定、巷道复杂场景下定位信息采集标定、指挥车信息数据与地面监控中心即时数据稳定传输等			
适用条件	该案例适用于煤矿井下巷道			
主要做法	目前,巷道巡检作业主要依靠人员步行为主,巡检任务主要以巷道危险气体检测、管路和电缆检查、巷道积水情况、巷道变形为主。巡检人员巡检范围较大,步行时间较长,同一巷道巡检作业至少涉及 2 个岗位工种,存在一定程度的人力资源浪费,因此需要研发一套矿用巷道巡检智能安全指挥车,辅助工人巡检,解决人工巡检劳动强度大、资源浪费等难题。具体做法如下: 1. 在防爆车上搭载边缘计算服务器、鸿蒙操作系统、激光雷达、摄像头、红外传感器、风速传感器、气体传感器、语音对讲系统、粉尘传感器、多参数传感器等,实现车辆实时定位、巷道断面变形、沉降检测、视频监控、巷道设备异常温升、巷道风速检测、巷道环境气体检测、语音对讲、播报、紧急救援等功能。 2. 研究巷道建模与变形算法,解决巷道内非结构化场景信息标定难题,实现巷道变形及沉降的智能判定。 3. 研究指挥车智能感知、高效行走、自主决策等内容,完成对应用场景的同步智能化检测。研究智能调度算法,开发人机友好交互软件系统,保证指挥车稳定、快速采集数据及智能调度			
解决难题	巷道巡检智能安全指挥车可代替人工进行巷道巡检作业,既减轻了巡检工的日常工作强度,又实现了对巷道环境实时监测,为矿井的安全生产提供了重要支撑			

取得成效	1. 减人方面。通过驾驶智能安全指挥车,显著降低作业人员的劳动强度,提高了巡检效率,每班只需1人便可完成主要大巷的巡检任务。降低安全监测相关设备的投入成本,实现对高风险作业地点进行灵活检测。 2. 增安方面。智能安全指挥车由实时采集气体传感器、观测云台、避障系统、对讲系统、无线传输系统等组成,对巷道情况、积水情况、变形情况、气体浓度情况进行全方位监测。 3. 提效方面。指挥车搭载边缘服务器,提升自身的指挥决策能力,处理分析本地数据,生成报表,实现巷道建模变形计算和图像采集处理功能。提炼关键信息,实现故障实时报警,把数据通过井下环网,上传至管控中心指挥车集群调度指挥软件。搭载鸿蒙万物互联管控系统,预留了万物互联的接口,可与矿鸿设备实现近场通信,有效提升指挥车的现场指挥协作能力

案例 5　榆林能源青龙寺煤矿人工智能技术在井下灾害精准预警及智能通风系统的研究应用

项目名称	榆林能源青龙寺煤矿人工智能技术在井下灾害精准预警及智能通风系统的研究应用			
项目完成单位	榆林能源青龙寺煤矿		项目金额	5 239 万元
项目开始日期	2022 年 3 月 4 日		项目结束日期	2023 年 3 月 3 日
项目完成人	李亚军、尚少勇、刘雄			
技术联系人	姓名	刘雄	职务	科长
	联系方式	15891246228	电子邮箱	1162543@shenhua.cn
获奖信息	无			
案例概述	该案例来自国家能源集团科技研发项目,在榆林能源青龙寺煤矿应用。关键技术有:通风智能分析与决策平台、火灾智能联动系统关键技术、水害精准监测及预警技术、无线围岩变形和锚杆应力检测技术、瓦斯灾害精准预警系统关键技术、灾害智能预警综合管控平台。既提高了青龙寺煤矿灾害防治能力、通风管理水平和矿井生产安全性,又从效率提升、作业环境改善、人工成本节约、生产成本降低等多个方面为煤矿带来巨大的经济效益			
适用条件	该案例适用于多灾种井工煤矿			
主要做法	1. 矿井通风监测的重点是风速和压差。通过准确监测井筒级、大巷级、采区巷道级、工作面顺槽级的进回风巷道风量及阻力变化情况,为通风技术准确决策、隐患及时发现提供全面、准确的依据。 2. 对青龙寺煤矿现有就地自动风门进行改造,使其具备远程控制功能,后期采用轻质高分子无压风门,实现风门的就地手动按钮控制、红外感应控制和地面远程控制。风窗能够实现远程智能化调节,通过远程控制微调执行器,改变风窗过风面积的大小,达到调节风量的目的,实现远程及时、快速调节。 3. 主通风机故障诊断和超前预警可对温度超限、风机振动超限、风机喘振等重要运行参数和状态进行快速分析处理,发现异常情况首先及时发出声光报警提示,实现故障风机自动切换,自动切换时间≤5 min。 4. 局部通风机智能控制系统可实现本地启停、正反转、急停、复位和调速等功能,并可接入远程控制系统实现远程启停、正反转、急停、复位和调速等功能;局部通风机智能控制系统通过采集井下传感器的瓦斯浓度参数、井下分站采集的参数来智能确定供风量的多少,对局部通风机转速实时自动调控、按需供风。 5. 通过增设通风智能分析与决策平台,矿井通风网络实现实时监测与动态解算。矿井通风网络实时解算模型以实时监测数据为基准,快速迭代计算其他巷道风量,全面反映整个矿井的风量分布情况。井下通风灾变异常预警,以网络实时动态解算和通风实时监测数据为基础,在通风系统图上直观显示各条巷道风速、风量等信息,根据提前设置			

主要做法	的巷道风速上下限值、传感器监测值范围、传感器与井巷分支关联等,对通风系统出现的风速超限、风流不足等问题进行智能报警。借助于远程自动调节风门及远程控制风门,建立工作面火灾区域反风和大巷火灾应急联动控制模型,实现灾变时风流的应急控制。 6. 针对矿井瓦斯、水害、火灾、顶板、粉尘等灾害,建设了统一的灾害预警综合管控平台,实现了主要灾害统一监控、分类存储、融合分析、统一发布;实现了安全态势动态评估、灾害风险融合预警、事故可能性预测、避灾路线智能规划、应急救援辅助等功能,极大地提升了矿井高效生产的安全管控能力。 7. 针对青龙寺煤矿高产高效生产环境下上隅角的瓦斯积聚风险,首次采用致因分析与数据驱动互馈方法,融合瓦斯、通风、矿压、采掘强度等多源信息,从瓦斯含量、地质构造、瓦斯涌出、通风系统状态等维度综合分析、实时预警、超前提醒,杜绝高产高效矿井瓦斯超限。 8. 安装了水文监测及水质传感器,实现了温度、湿度、雨量、液位、流量及水质等参数的实时精准监测;构建形成了水化学样本库,采用灰色关联度法分析涌水点水源地类别,为矿井安全生产提供了保障。 9. 基于青龙寺煤矿井下辅运大巷和顺槽大巷安装的围岩移动、锚杆应力、顶底板位移等传感器的监测数据和数学算法模型,构建基于物联网模式的矿压分析预警平台,通过选择不同的数据统计算法与机器学习模型,实现工作面顶板与巷道顶板灾害数据分析、预警。 10. 对火灾相关系统(包括光纤感温、主要变电所区域自动喷粉灭火、采空区防火关键参数监测装置、束管、制氮、阻化剂液压泵站)监测数据统一采集、分析,当监测区域有火灾隐患时,实现智能火灾系统联动控制
解决难题	解决了矿井通风安全高效运行、按需供风、灾害精准预警、集中管控和灾变联动控制、灾害前兆信息的感知能力不足等问题
取得成效	1. 减人方面。在青龙寺煤矿主要通风路线增设了高精度超声波对射式自动测风装置和GD3型矿用多参数传感器,实现了巷道风速、风量、风阻、风压等通风参数信息的实时精准监测,实现了矿井通风参数精准在线检测,准确率不低于95%,测风员较少2人。 2. 增安方面。首次针对矿井瓦斯、水害、火灾、顶板、粉尘等灾害,建设了统一的灾害预警综合管控平台,实现了主要灾害统一监控、分类存储、融合分析、统一发布;实现了安全态势动态评估、灾害风险融合预警、事故可能性预测、避灾路线智能规划、应急救援辅助等功能,极大地提升了矿井高效生产的安全管控能力。 3. 提效方面。以通风参数精准感知、网络调控自主决策技术为依托,形成具有青龙寺煤矿特色的通风设施设备远程自动调控技术和通风调控智能决策技术,实现主扇控制区域、采盘区、采掘工作面风量自主调控,矿井通风管理水平提效显著

案例 6　胜利能源胜利一号露天煤矿基于"图像识别＋无线传感器网络技术"的智能环境监测系统研发应用

项目名称	胜利能源胜利一号露天煤矿基于"图像识别＋无线传感器网络技术"的智能环境监测系统研发应用			
项目完成单位	胜利能源胜利一号露天煤矿		项目金额	49.6 万元
项目开始日期	2022 年 3 月 18 日		项目结束日期	2022 年 12 月 16 日
项目完成人	马泉、石广洋、李洪波			
技术联系人	姓名	马泉	职务	三级工程师
	联系方式	15147941463	电子邮箱	11615601@ceic.com
获奖信息	无			
案例概述	该案例来自胜利能源胜利一号露天煤矿环保项目,在露天煤矿生产作业现场实地应用。关键技术有:机器视觉识别技术、多源数据融合技术,实现局部气象天气的特征识别、火煤扬尘的图像识别以及机器视觉识别数据的融合检测			
适用条件	该案例适用于露天煤矿环境监测			
主要做法	1. 通过智能激光云台采用自动变焦、智能巡视方式对生产作业现场进行实时监控,利用 Tesla T4 计算卡的 AI 算力服务器收集监控画面利用 Deep Stream 实时视频流人工智能平台和 YOLOv5 目标检测模型进行分析,自动识别生产性扬尘、煤火和自热期烟气。 2. 通过固定/移动硬件装置设备,监测矿山 PM2.5、噪声、风向、风速、温湿度等环境信息,通过 4G/5G 网络将数据传输到矿区智能环境监测系统中。 3. 利用系统对矿山视频数据和监测传感器多元数据进行融合并进行实时分析,对超过阈值数据进行预警和提醒,为治理采矿过程中环境污染问题提供有力支持			
解决难题	实现环境监测无人值守,进一步减少人员现场巡视频次,减少现场巡视带来的安全隐患,提升露天煤矿环境管理能效,改变以往的粗放式管理,实现精准降尘管理,节约水资源与生产成本,进一步加快数字化矿山的建设			
取得成效	1. 减人方面。该项目作为全国首例利用 AI 监控自动巡航,融合了工业互联网、5G、AI 概念和技术的智能环境监测系统,可减少环保巡查人员 4 人。 2. 增安方面。使用人工智能核心技术,检测精度高,可进一步减少人员现场巡视带来的安全隐患。 3. 提效方面。该项目可为矿山环境治理提供精细化管理数据支撑,实现精准降尘管理及水资源高效利用,压缩燃油成本,预计节约成本 60 万元/a			

案例7　平庄煤业元宝山露天煤矿复杂工况"5G电铲远程控制+无人驾驶"技术研发应用

项目名称	平庄煤业元宝山露天煤矿复杂工况"5G电铲远程控制+无人驾驶"技术研发应用		
项目完成单位	平庄煤业元宝山露天煤矿	项目金额	3 285.5万元
项目开始日期	2022年10月1日	项目结束日期	2023年5月25日
项目完成人	王海礁、王飙、詹博、徐行、田超、石昊哲		
技术联系人	姓名	田超	职务	科员
	联系方式	18748011818	电子邮箱	467344255@qq.com
获奖信息	无		
案例概述	该案例来自平庄煤业元宝山露天煤矿维简技改项目,在元宝山露天煤矿应用。关键技术有:矿用卡车应用了无人驾驶、运行区域地图自动采集、精准定位、驾驶安全预警、故障自诊断等技术。电铲应用了远程控制、重点部位运行状态监测、火灾监测及自动灭火、PLC故障自诊断、作业环境实时感知、电铲重点部位精确定位等技术。实现了电铲远程控制及无人驾驶卡车的编组运行		
适用条件	该案例适用于露天煤矿剥离场景		
主要做法	1. 通过对电铲驾驶室与整机功能采集,对驾驶室座椅手柄操作信号、驾驶台按钮控制信号等人工操作信号进行采集,通过5G信号传输,实现电铲远程操作系统对电铲行走、回转、推压、提升、开斗、润滑、制动等机构的远程控制功能。 2. 通过在电铲重点运行部位加装温度、转速及制动器开合状态监测传感器,利用矿区5G网络,将设备运行状态传输至远程控制室大屏幕,设备运行状态实时显示,便于司机掌握设备运行状态,及时发现设备故障。 3. 通过在电铲机械室及电器柜内等关键部位安装烟雾探测器及感烟感温复合探测器。配合同步安装的自动灭火装置使用,当火灾探测器报警后,自动灭火系统对火灾部位喷洒灭火气体,进一步提升电铲整体安全性。 4. 根据电铲具体尺寸布置调整摄像头点位,通过视频信号传输,在远程控制室大屏幕清晰显示铲斗运行状态、工作面情况、电铲外部四周环境、内部主要位置运行状态、尾部电缆状态,实现了360°无死角显示,保证作业安全性。 5. 在电铲端安装IMU,采集电铲运行状态数据,通过无线信号,传输至远程控制室操作台下方的六自由度振动反馈平台进行数据分析处理,控制振动反馈平台做出匹配的动作。 6. 通过对人机界面功能升级,升级"故障专家库",对PLC部位进行检测,当PLC运行出现故障时,远程控制室大屏幕自动显示故障原因及解决方案,提升设备整体智能化水平。 7. 通过加装声音回传系统,将现场声音回传至远程控制室,结合360°无死角视频显示,让司机更直观地了解现场实际工况,进一步提升了作业安全性。		

主要做法	8. 在卡车箱斗及电铲铲斗安装定位模块,电铲设定卸载点后,卡车自动寻找位置点进行装车工作,电铲控制室安装一套控制无人卡车的系统,当电铲收到卡车驶入/驶出申请时,控制卡车做出相应动作,实现两套系统的编组运行。 9. 在整车传感器、控制器等部位安装信号诊断系统,出现故障时,车端工控机会产生相应故障代码,在无人驾驶调度指挥中心记录故障信息及解决方案,故障较为严重时,车辆进入安全状态自动停车
解决难题	解决了设备运转状态监测、故障排查困难、现场作业面人员较多、员工劳动强度高等难题,有效地减少了露天坑下作业人员数量,改善了人员作业环境
取得成效	1. 减人方面。5 台无人驾驶矿用卡车的顺利投运,将原有每班 5 人作业降低至每班 2 人作业,累计转岗 12 人。通过建立电铲远程控制室及无人驾驶调度指挥中心,将员工从复杂作业环境中解放出来,使员工在作业过程中避免接触粉尘、噪声等危害因素,降低了员工职业病发病率,有利于员工身心健康。电铲控制室配备舒适座椅,降低员工作业疲劳度,提升了员工工作幸福感。 2. 增安方面。通过电铲远程控制与无人驾驶技术的编组使用,充分体现了元宝山露天煤矿"四化驱动、科技兴安"的发展理念,实现了采剥作业向智能化发展的转变,真正做到了作业面无人化生产,提升元宝山露天煤矿本质安全水平。 3. 提效方面。无人驾驶技术与电铲远程操控技术的应用,通过更加精确地控制速度和距离,从而节省时间和油耗。避免了因人为因素导致的生产安全事故发生,保障了生产的连续性。同时通过设备监测系统对设备状态进行监测,使其合理高效运维,总体效率提升显著

案例8　神东煤炭大柳塔煤矿多种类巡检机器人在井下固定岗位多场景的研发应用

项目名称	神东煤炭大柳塔煤矿多种类巡检机器人在井下固定岗位多场景的研发应用		
项目完成单位	神东煤炭大柳塔煤矿	项目金额	970万元
项目开始日期	2019年9月20日	项目结束日期	2022年12月31日
项目完成人	迟国铭、郑铁华、李飞、刘孝军、刘晓亮、周波、王飞、杨健、梁占泽、白茹玺、贾宇涛		
技术联系人	姓名	王飞	职务	技术员
	联系方式	18049304630	电子邮箱	309195710@qq.com
获奖信息	无		
案例概述	该案例来自神东煤炭智能化项目,在大柳塔煤矿应用。关键技术有:变电所巡检机器人技术、水泵房巡检机器人技术、带式输送机巡检机器人技术。实现固定岗位机器人代人巡检的无人值守目标		
适用条件	该案例适用于井下固定岗位无人值守远程集中控制场景		
主要做法	1. 变电所轨道巡检机器人设计研发。主要由行走轨道、地面工作站、供电系统、通信系统、机器人系统组成。行走轨道系统主要包括工字钢轨道、轨道托架、机器人供电电缆线槽、限位磁铁装置。地面工作站主要包括远程操作软件平台和数据存储服务器。供电系统主要包括变压器、远程控制模块、可控开关以及供电电缆。通信系统主要包括电力载波模块、以太网模块和交换机。机器人系统主要包括高清摄像头及其云台、行走动力模块、缆线拖动装置、电力载波模块、气体检测仪器、防撞避障装置等。巡检机器人支持全自动巡检模式和遥控巡检模式。全自动巡检模式包括常规巡检和联动巡检两种方式。常规巡检方式下,机器人系统根据预先设定的巡检任务内容、时间、路径等参数信息,自动启动并完成巡检任务。 2. 水泵房巡检机器人研发。根据机器人在水泵房的巡检区域提前规划和设计轨道,在设计好的轨道上铺设导航磁条,确定机器人的巡检路线;巡检机器人设自主充电装置,由充电机构、防爆充电控制箱组成,两设备之间由电缆进行连接,在轨道终端完成机器人充电工作;机器人可采集视频信息和自主识别仪器仪表的运行数值、各类阀的开停状态、电机电缆的运行温度和泵体异常声音诊断及各类异常数据的报警信息。 3. 带式输送机钢丝绳牵引机器人研发。巡检机器人搭载高清360°可见光摄像头及云台、红外热成像仪、烟雾探测传感器、多气体探测传感器、高清拾音器及高分贝扬声器、前后避障传感器,可实现异常状态的针对性录像、设备温度监测、烟雾报警、4种气体监测报警、与远程控制站半双工通话、障碍识别报警、异常音频分析报警等功能。巡检机器人可实现24 h不间断巡检,通过视频分析识别胶带跑偏,也可以根据实际情况进行定时、定点进行巡检		

续表

解决难题	1. 变电所轨道巡检机器人。解决传统监控方式存在的安全管理漏洞,人工巡检浪费人力资源,效率低下,易出现巡检不全面、不及时的情况;固定摄像头定点监视范围有限,若想扩大监控范围,必须在运行设备处装设大量摄像头,不仅图像切换、监视、存储任务量大,而且布线多、功耗大、维护任务重,综合效率低下。 2. 水泵房轮式巡检机器人。解决问题有:需要人员在现场观察流量、正负压仪表数据及各类球阀、闸阀的开停状态,判断离心泵抽水是否正常;需要人员对泵房电机、缆线和泵体进行日常振动、温度、声音异常等点检,对泵房环境气体进行日常监测和巡查,造成人员投入大、工作效率低。 3. 带式输送机钢丝绳巡检机器人。解决了无人值守带式输送机关键区域点检依赖人工进行,工业视频系统的应用和功能挖掘不足,无法分析胶带跑偏、堆煤或异物,不可进行视频调速分析等问题
取得成效	1. 减人方面。变电所轨道巡检机器人,实现了固定场所无人巡检,减少变电所固定岗位 3 人,累计完成自动巡检、遥控巡检、电力故障追踪等任务 7 200 余次。大柳塔煤矿主运输系统实现了无人值守、区域巡视,减少固定岗位 7 个,减员 14 人,节约人工成本 420 万元,有效提高了人员工效。 2. 增安方面。巡检机器人代人巡检能够可靠、连续地监测设备状态,同时将人员从恶劣的作业环境中解放出来以提高人员工效,提高矿井安全生产能力。 3. 提效方面。水泵房轮式巡检机器人,有效规避了人工巡检存在的弊端,避免因漏检而增加的二次复检,可以及时发现设备隐患,降低设备故障率,提高巡检效率。机器人替代人工巡检,每年可节约人工成本约 80 万元,减少设备故障带来的财产损失约 300 万元

案例 9 胜利能源设备维修中心矿山设备发动机 故障预警智能系统研发与应用

项目名称	胜利能源设备维修中心矿山设备发动机故障预警智能系统研发与应用		
项目完成单位	胜利能源设备维修中心	项目金额	329 万元
项目开始日期	2022 年 7 月 29 日	项目结束日期	2023 年 3 月 31 日
项目完成人	卢燃、庞博、董晓晖		
技术联系人	姓名	卢燃	职务	主任
	联系方式	13664896202	电子邮箱	11613509@ceic.com
获奖信息	无		
案例概述	该案例来自胜利能源公司级科研项目,在胜利露天煤矿应用。关键技术有:速度与加速度的 AI 分析、振动与温度的采集分析、时域与频域的三维图谱分析等技术。实现了对发动机污染防治与关键部件的预知性监测,避免因粉尘污染造成发动机严重损坏。通过振动数据显示实现故障预警,避免凸轮轴、摇臂、喷油器及发动机缸盖的故障扩大化,首创发动机振频监测手段,解决工程设备不连续作业情况下的预防性监测,降低维修成本		
适用条件	该案例适用于露天煤矿排土作业设备		
主要做法	1. 自带信号发生器的采集器具有自动检测加速度、速度、位移及电路运行状况等功能,实现磨损异常分析。 2. 通过采集器为工程机械发动机故障预警系统提供实时有效的振动数据,具有连续录播检测功能,振动、温度、压力、流量、气体、电流、电压、转速传感器可接入多工况的数据采集卡,以满足采集各种信号数据的需求。 3. 通过数据传输至多工况全信息智能数据处理器,实现平台架构建设。平台包含在线监测、AI 故障诊断等设备管理功能。显示传感器安装位置、各测点实时监测值、测点异常状态、工艺量、电参值等信息,能够保障数据的及时性。 4. 针对监测到实时报警的测点,可直接展示该测点的报警历史数据。具备异常数据实时报警功能,监测到异常数据后,可实时发出声音报警信号,并将异常数据实时推送至邮箱、专用 App 等终端,便于技术人员高效维修。 5. 系统实现数值、振幅、时域图、频域图、时间三维谱、趋势图等信息的展示及分析判断,提供振动信号、部件特征的任意组合联动分析,可通过趋势图的时间轴拖拽显示任意时刻点的时间与各特征值的数值,实现精准维修。 6. 系统具有对设备部件特征频率进行实时监测和预警的功能。振动数据均可通过软件积分、滤波、包络等手段进行分析。可针对单条振动监测数据进行诊断,并给出维护意见、维护方案等,有效实现人机交互,精简维修时间。 7. 系统具备完善的异常数据追踪及处理能力,异常数据可自动生成消息提醒,通过专用		

续表

主要做法	App、消息中心进行查询。对测点状态、波形、预警信息等在线查看,对振动数据进行一键智能诊断,快速查看数据、故障及维修建议。 8. 针对发动机运行过程中功率、振动、温度、油质、压力等多源状态信息,利用神经网络模型推理等多源数据融合策略,结合集成学习方法,实现对发动机健康状态的预知、故障预警和动态管理。 9. 系统可显示每台发动机进气粉尘状况形象化图表;在发动机进气粉尘接近临界值时系统发出预警,达到危险值时发出报警,预警和报警信息须通过短信或邮件的形式发给相关部门和人员的数据终端。 10. 系统具备进气粉尘监测功能,在对发动机不产生任何负面影响的前提下,对发动机进气粉尘污染进行监测诊断,实现进气污染状况警示、报警和及时处置,使进入发动机的空气清洁,降低磨损。 11. 具备振动监测功能,将发动机凸轮轴振动数据进行监测和分析,对振动数据异常情况警示、报警并实时同步反馈维修人员,便于故障判断,快速处置,最大程度避免发动机严重损毁,降低设备停运生产损失
解决难题	对发动机进气粉尘污染进行监测诊断,实现进气污染状况警示报警,净化进入发动机的空气,降低发动机的磨损。对发动机凸轮轴振动数据进行监测分析,对振动数据异常情况进行示警,实时同步反馈,最大程度避免发动机严重损毁
取得成效	1. 减人方面。有效减少设备 2 000 h 保养级别内的发动机拆解监测工作,14 台设备将减少全年发动机凸轮轴检查 378 工时,减少该项工作人员 3 人。 2. 增安方面。基本避免因粉尘污染造成发动机严重损坏,降低设备停运生产延误损失,保障了工程设备安全稳定运行。 3. 提效方面。凸轮轴振动监测能及时发现配气机构内部运行状态,监测到故障提出报警时可立即进行拆解检查,基本避免凸轮轴、摇臂、喷油器及发动机缸盖的故障扩大化,有效预防发动机内部的早期磨损,控制故障的扩大化,抑制恶性机械事故的发生。经统计,自 2018 年至今,平均每年 D10T 推土机发动机故障 3 台次,单台发动机大修理费用约 65 万元,预计每年减少因异常损坏造成的大修理费用 195 万元。同时,减少因发动机故障造成的设备停机维修,实现了降本增效,提高设备运行效率

案例 10 神东煤炭上湾选煤厂基于"5G 切片＋4G 专网"技术的移动端控制系统研发应用

项目名称	神东煤炭上湾选煤厂基于"5G 切片＋4G 专网"技术的移动端控制系统研发应用		
项目完成单位	神东煤炭上湾选煤厂	项目金额	824.43 万元
项目开始日期	2017 年 3 月 1 日	项目结束日期	2018 年 4 月 20 日
项目完成人	赵星楣、薛红伟、贺建军、田延锋、张新元、粟翠华、王安佳、高攀、王玉海、杜瑞、屈海军		
技术联系人	姓名	薛红伟	职务	副厂长
	联系方式	15891134304	电子邮箱	410020754@qq.com
获奖信息	2019 年中国煤炭工业协科学技术奖一等奖		
案例概述	该案例来自神东煤炭上湾数字化智能选煤厂建设的技改项目,在上湾选煤厂日常生产中进行移动控制的操作应用。关键技术有:5G 网络切片＋4G 专网与工业控制网融合技术、CPE 远程数据传输技术、选煤厂集中控制系统移动化应用技术以及智能终端一体化管理技术。实现了移动端远程实时查看设备运行状态和参数、生产系统巡检过程中的现场移动控制、远程诊断及数据录入等功能,可有效杜绝安全隐患,提高生产效率,减少人工投入		
适用条件	该案例适用于大型现代化选煤厂的生产控制		
主要做法	1. 通过将 5G 网络切片＋4G 专网与工业控制环网进行融合,应用视频监控、视频调度、语音集群、应急指挥等功能,提升选煤厂现场信息采集和分发能力、数据的交互处理能力,从而协助选煤厂监测监控系统、通信联络系统。 2. 终端 CPE 与选煤厂设备的在线监测传感器及无线高清视频的监控器连接,通过基站设备将采集的数据和视频信号传输至工业控制服务器,使调度台和终端设备的信息通过无线传输方式同步。 3. 移动控制终端设备的信号通过基站设备、交换机、工业控制服务器和核心网设备的控制及信号转换,实现了代替调度台的移动控制方式,使得生产现场一线工作人员可以在巡检过程中对设备进行启停操作和生产工艺参数的调节。 4. 智能终端设备开发了智能对讲功能,能够读取集中控制系统的生产信息及设备运行参数信息、设备管理系统的备品备件信息、点检系统的设备点检数据,以实时随地了解选煤厂的生产状况及设备运行状态		
解决难题	解决了选煤厂全部信息和数据只能在调度室显示的局限性以及传统控制方式存在的管理层级复杂、生产指挥效率低下、控制安全无法保障的难题		

续表

取得成效	1. 减人方面。生产现场一线工作人员可以通过控制终端在巡检过程中对设备进行启停操作和生产工艺参数的调节,从而直接接管生产系统的控制权限,极大提高了控制的效率,保障了控制的安全;同时压缩了管理层次,减少了管理环节,调度员及岗位工等一线生产人员每班减少了 6 人。 2. 增安方面。开发了智能对讲功能,采用了先进的数字语音压缩技术,数字处理可过滤噪声并从有损的传输中重新构造信号以更好地抑制噪声,获得优质的通话效果;具有更大的覆盖范围,能够自如应对现场不断变化的工作情形。将选煤厂集中控制系统改为移动控制系统,实现了对生产系统的实时监控和远程操作,可随时随地处理各类应急事件,提升日常运营的管理效率,降低了安全管理风险。 3. 提效方面。完成了选煤厂 5G 切片＋4G 专用网络的建设,该网络具有安全、可靠、平台能力强的优点,将专用网络和终端设备引入选煤厂的管理系统中,实现了实时人机交互、多媒体调度、多任务并发、高清视频传输、实时数据处理等综合业务;无线专用网络能够与选煤厂现有的自动化控制网络、业务办公网络、无线通用网络无缝对接并深度融合,改变了由调度台统一调度的模式,通过使用手持终端设备实现了集群通信、视频监控、生产辅助监控监测等功能,提高了选煤厂生产效率,降低了生产成本

第三部分　国家能源集团
煤矿智能化建设20项优秀案例

案例1　新疆公司乌东煤矿基于"多平台交互＋人工智能分析"技术的智能控制平台研发

项目名称	新疆公司乌东煤矿基于"多平台交互＋人工智能分析"技术的智能控制平台研发		
项目完成单位	新疆公司乌东煤矿	项目金额	650万元
项目开始日期	2021年8月1日	项目结束日期	2022年1月20日
项目完成人	刘旭东、孙延义、吴永强、戚露露、许石磊、李平安、张小龙、夏学兵、张庆、艾克然木·买素提		
技术联系人	姓名	刘旭东	职务	高级工程
	联系方式	18999883352	电子邮箱	11430122@ceic.com
获奖信息	无		
案例概述	该案例来自国家智能化示范煤矿项目,在乌东煤矿工业控制平台应用。关键技术有:图像识别、人工智能分析、子系统数据集成交互。实现了全面接入煤矿智能控制、智能监测与感知各子系统,规范了系统信息测点定义,构建煤矿统一信息测点库,优化生产控制流程工艺以及煤矿生产系统的集中监测、一键启停、分级预警、联动控制等智能化应用,全面提升生产智能化监控能力和安全生产管理水平,为现场无人值守提供一体化的技术支撑平台保障		
适用条件	该案例适用于井工煤矿生产控制系统、露天煤矿智能选煤厂监控子系统、煤矿各子系统建设(排水系统、通风系统等)、火电厂厂级监控信息系统(SIS)、港口水处理系统以及电厂和港口的智能堆取料系统等		
主要做法	1. 历史曲线预加载技术。解决了用户拖动曲线时,数据可以快速呈现的问题。当用户拖动历史曲线查询更早的数据时,$t_0 \sim t_1$时间段的数据呈现在屏幕上,重新加载$t_0 \sim t_1$时间段的数据。上一次被缓存的$t_1 \sim t_2$时间段的数据被卸载。 2. 通过智能AI应用技术(含机器视觉应用和语音识别),实现人员行为监控、设备运行状态识别监测、环境监测业务场景智能视频分析的深度融合,以及语音识别技术设备故障诊断系统的深度融合与监测设备异常情况。 3. 智能预警技术。通过智能分析方法和设备对比方法进行设备分析。 4. 融合式通信过程监控技术。实现数据通信过程的状态与数据监控相融合,接口配置功能可复用实时数据处理流程,简化接口开发复杂度		

续表

解决难题	解决了AI和智能预警准确率低,生产系统的监测、启停、预警、控制等模块无法融合、不能联动控制的难题,保障了矿井安全生产,推动了煤炭工业远程控制的科技进步
取得成效	1. 减人方面。通过联动控制、实时报警、视频联动、设备联动、智能预警与故障诊断等功能,实现各系统之间的联动控制。通过基于多平台交互、人工智能分析技术智能控制平台案例的应用,井下岗位工累计减少61人。 2. 增安方面。通过智能控制平台案例的应用,实现了固定岗位无人值守、风险区域远程监测监控,平台根据实时工况、监测数据等指标对异常信息进行诊断、预警、报警,同时进行控制和发布,达到了"无人则安"的预期目标。 3. 提效方面。通过智能控制平台案例的应用,实现各子系统之间互联互通、数据共享、智能控制,大大提高了煤矿生产效率,简化了现场工作人员工作流程,原煤工效由54.3 t/工提升至156.8 t/工

案例2 国神公司大南湖二号露天煤矿基于大数据分析技术的"5G＋AI智能感知＋融合通信"系统应用

项目名称	国神公司大南湖二号露天煤矿基于大数据分析技术的"5G＋AI智能感知＋融合通信"系统应用			
项目完成单位	国神公司大南湖二号露天煤矿		项目金额	1 399.628 3 万元
项目开始日期	2023 年 2 月 18 日		项目结束日期	2026 年 6 月 17 日
项目完成人	王荣			
技术联系人	姓名	陈曦	职务	副主任
	联系方式	13279029270	电子邮箱	18005552@ceic.com
获奖信息	无			
案例概述	该案例来自安全项目,在大南湖二号露天煤矿应用。关键技术有:5G专用无线通信网络关键技术、5G＋AI智能感知系统关键技术、5G＋融合通信系统关键技术			
适用条件	该项目适用于已实现5G网络信号覆盖的露天煤矿采剥生产区域			
主要做法	1.5G无线通信专网。建设矿山5G无线通信专网实现5G智慧矿山的高质量运行。 2.5G＋AI智能感知系统。通过内置5G通信模组的人工智能高清摄像头,实时采集对作业区域视频数据,如挖掘作业面、带式运输系统、车辆中转区等,AI智能感知系统的数据治理模块对采集到的视频数据进行处理与储存,对数据进行识别,并通过ACC(AI＋Command＋Control)模块,将识别结果、报警信息、控制信号推送给统一服务平台。 3.5G＋融合通信应用调度管理平台。融合通信系统与背负式eLTE应急通信保障系统采用分布组网架构共享注册信息和用户数据,统一由主控节点控制用户的鉴权、数据的转发与接收;背负式eLTE应急通信保障系统通过移动互联网、互联网专线、卫星专网、微波传输、自组网等方式将现场音视频等信息回传至上级融合通信平台,实现与融合通信调度系统的互联互通			
解决难题	5G＋融合通信系统解决了跨终端、跨网络、跨层级通信调度需求,充分发挥5G移动终端(手持台、记录仪)的便携作业能力,增强突发事件下的应急通信保障能力,满足记录日常作业、调度指挥可视化、会商多方协同以及极端条件下应急通信保障业务需求			
取得成效	1.减人方面。M102胶带运行实现无人巡检,起到智能化减人的作用,减少带式输送机机头、机尾岗位工各2人,共计6人。 2.增安方面。5G＋AI智能感知系统对各种摄像仪、语音、传感器数据进行采集并分析,实现对生产环境的实时监测和预警,及时发现风险隐患并采取措施,保障生产安全性和稳定性。 3.提效方面。在传统的生产过程中,因人力资源限制,很多问题不能及时被发现和解决,导致生产效率下降。通过5G＋AI智能感知系统对生产数据进行分析并提供相应的解决方案,可减少生产中的故障时间,提高生产效率			

案例 3 乌海能源老石旦煤矿"5G＋XR"技术在智能矿山领域的研究与应用

项目名称	乌海能源老石旦煤矿"5G＋XR"技术在智能矿山领域的研究与应用		
项目完成单位	乌海能源老石旦煤矿	项目金额	448.6 万元
项目开始日期	2021 年 9 月 30 日	项目结束日期	2022 年 11 月 23 日
项目完成人	张佳林、苗继军、张雪梅、张辰宇、赵常辛、任程、瞿俊秀、任文华、贺新田、张磊		
技术联系人	姓名	张辰宇	职务	主管
	联系方式	13604738812	电子邮箱	10771611@ceic.com
获奖信息	1. 2022 年首届"兴智杯"全国人工智能创新应用大赛行业专题赛一等奖； 2. 2022 年首届"兴智杯"全国人工智能创新应用全国总决赛二等奖； 3. 2023 年入选中国煤炭工业协会"两化"融合优秀项目		
案例概述	该案例来自集团科研项目，在老石旦煤矿应用。关键技术有：基于微透镜阵列全息光学元件的光波导 AR 近眼显示技术、基于梅尔频率倒谱系数（MFCC）方法的智能语音识别技术、基于移动摄像头的图像识别技术。实现高透光率近眼显示，解决了在煤矿井下暗环境中的视野遮挡问题，实现高效的语音操作交互		
适用条件	该案例适用于煤矿故障诊断、智能安全巡检、应急指挥		
主要做法	1. 采用井上下协作 AR 智能穿戴设备，针对煤矿多尘、潮湿、爆炸性煤尘、噪声等环境进行设计研制。实现解放现场人员双手的双向沟通，可将井下画面通过第一人称视角，实时传送至井上，亦可接收地面的音视频与标注指导信息。 2. 通过 5G 网络技术，并结合 Last Mile 策略，大幅提升音视频流在拥堵和丢包网络环境下的可用性和流畅性，为井上下协作提供质量可靠的高清语音和视频通信功能。 3. 通过深度神经网络技术，实现图像识别、平面识别和模型识别三方面的识别能力，同时基于识别结果，将虚拟物体定位叠加于真实物体上，在保证物体识别性能的前提下，最大限度降低复杂度。 4. 通过 AI 语音识别技术，实现语音控制 XR 硬件设备内的各项软件操作，解放现场人员双手，提升工作效率。 5. 通过 AI 知识图谱技术，建立设备数字化知识库，包含设备的数字化结构模型、故障模型、原理模型等，作为远程协作的指导资料，方便设备维修与故障诊断		
解决难题	解决了专家远程指导困难、安全巡检效率低、安全隐患排查不到位、井上下沟通不畅和设备故障处理不及时等难题		

续表

取得成效	1. 减人方面。系统具有数字化设备知识库,可通过 AR 智能单兵设备获取设备故障处理方式、使用说明、结构模型等信息,即使无人指导,一线员工亦能进行设备维修与故障诊断,减少专家资源占用。 2. 增安方面。系统具备任务下发、执行、隐患追踪、管理等全流程在内的煤矿 XR 数字化巡检成套业务流程,解决问题排查不全、员工隐瞒隐患等问题,保障巡检过程规范全面,提升井下作业安全性;具备人员信息定位、环境检测告警等功能,保障一线员工作业安全。 3. 提效方面。在远程协作方面,实现第一视角远程交互,提升井上下协作效率;在设备故障诊断与处理方面,通过所见即所得的知识图谱赋能一线员工成为"超级专家",提升设备故障处理效率。在智能巡检方面,提供"看向哪取证哪"的高效巡检,塑造"一专多能"巡检员,极大地提高了巡检工作效率和质量,确保安全生产

案例 4　神东煤炭哈拉沟煤矿"掘进自移机尾＋锚运破"快速高效掘锚系统的研发应用

项目名称	神东煤炭哈拉沟煤矿"掘进自移机尾＋锚运破"快速高效掘锚系统的研发应用			
项目完成单位	神东煤炭哈拉沟煤矿		项目金额	299 万元
项目开始日期	2022 年 11 月 10 日		项目结束日期	2023 年 8 月 17 日
项目完成人	董志超、温庆华、吕晓明、代鹰、王蒙、卢磊、袁小春			
技术联系人	姓名	代鹰	职务	副主任
	联系方式	18049328833	电子邮箱	907246769@qq.com
获奖信息	无			
案例概述	该案例来自国家能源集团智能化建设专项项目,在神东煤炭哈拉沟煤矿 31106 运顺掘锚一队工作面应用。关键技术有:迈步式自移机尾技术、液压挑胶带技术、桥式转载机与伸缩部配套技术。实现了机械辅助延胶带,提升掘进进尺效率,减少沿胶带安全隐患			
适用条件	该案例适用于中厚煤层的单巷掘进工作面			
主要做法	1. 通过锚运破对掘锚工作面桥式转载机的拉移,实现桥式转载机在自移机尾滑轨平稳前行,当桥式转载机(二运)25 m 行程拉移到位,自移机尾能保证在 6 000 m 胶带的附着力需求下,迈步式向前迁移,将行程 35 m 的伸缩部展开,周而复始进行快速高效掘锚系统掘进,实现掘进工作面机尾 65 m 刚性架以及 50～80 t 的供电设备、除尘设备、耗材、智能化集中控制平台等诸多负载的迈步式前移。 2. 通过液压机械辅助挑胶带装置,辅助人工穿插"H"架、柱梁等,减轻员工的劳动强度,杜绝铁器挤伤人员的危险。 3. 自移机尾泵站天玛电液控制器,可接入 RS485 接口实现数据上传,可在远程或现场就地模式下,单人操作机尾向前迁移。在自移机尾行人侧,安装照明灯、电缆夹板,放置锚杆树脂存料盘,为掘锚机、锚运破生产支护提供便利。 4. 井下集控中心协同控制自移机尾与带式输送机自动张紧系统,实现生产期间自移机尾前移不停胶带连续作业,提高掘进效率			
解决难题	旧工艺采用"掘锚机＋梭车＋破碎机＋锚运破＋两臂锚杆机"配套设备,生产班驾驶梭车,有人员驾驶等属于不可控危险源;延胶带时采用破碎机拉拽刚性材料架,有材料架倾倒的风险;人工挑胶带穿插"H"架时,有铁器挤伤人员风险,且劳动强度低;该系统解决了原自移机尾在生产期间移动时,必须停胶带移动的难题。 通过"掘进自移机尾＋锚运破"快速高效掘锚系统,解决了掘锚工作面延胶带时风险高、人员劳动强度大的难题			

续表

取得成效	1. 减人方面。掘进面自移机尾由 1 人用遥控器操作,与之前相比,减少工作面固定岗位 3 人。 2. 增安方面。现应用掘进工作面自移机尾后,通过锚运破对掘锚工作面桥式转载机的拉移,实现桥式转载机在自移机尾滑轨平稳前行,保证在胶带附着力需求下,机尾通过迈步式迁移向前平稳移动。液压机械挑胶带装置辅助人工延胶带,减轻了劳动强度,通过"锚运破+桥式转载+自移机尾+伸缩部"可实现快速高效掘进,且杜绝了人为驾驶的不可控危险源。 3. 提效方面。配合"掘进自移机尾+锚运破"快速高效掘锚系统提高了掘进效率。圆班进尺约 32 m,比以往掘进效率提高 15.04%

案例 5 神东煤炭补连塔煤矿综采移变列车轨道自移系统研发应用

项目名称	神东煤炭补连塔煤矿综采移变列车轨道自移系统研发应用			
项目完成单位	神东煤炭补连塔煤矿		项目金额	445.5 万元
项目开始日期	2021 年 9 月 28 日		项目结束日期	2022 年 6 月 7 日
项目完成人	马伊科、陆浩、刘杰、马腾飞、何茂炜、刘宁			
技术联系人	姓名	何茂炜	职务	项目主管
	联系方式	18047385641	电子邮箱	20042231@ceic.com
获奖信息	2021 年中国煤炭工业协会科学技术奖二等奖			
案例概述	该案例来自公司级科研项目,在补连塔煤矿应用。关键技术有:设备列车与综采设备高效匹配快速推移技术、大容量管缆伸缩推移存储技术、长距离电液控列车组控制及遥控技术。成套装备集成列车自移、防溜车、防掉道等功能,由锚固牵引系统带动整个列车组迈步式前移,管缆存储不小于 50 m,改变传统绞车牵引、悬挂单轨吊工艺,实现设备列车组的安全高效运行			
适用条件	该案例适用于井工煤矿采煤工作面			
主要做法	1. 根据综采工作面顺槽条件,合理匹配顺槽巷道内设备列车移动及运行作业环节,最大限度地发挥各设备的性能,同时统筹通风系统、供电、供排水、辅助运输等环节,形成完整、科学的快速移动工艺及配套装备。 2. 研究长距离设备列车组与综采工作面设备的配套承载关系、锚固牵引装置与提升平板车的相互作用原理、移车过程的稳定性、设备列车阻力与锚固牵引装置支撑强度关系、特殊条件下锚固拉移装置所受工作阻力系数和载荷关系。 3. 研制大容量管缆推移装置,用于承载存储设备列车尾端到巷道超前支架、转载机自移机尾处的悬空电缆,在综采工作面采煤机回采过程中,能够保证悬空段 50 m 大容量线(管)路存储,完全取代单轨吊悬挂存储工艺。 4. 采用安全、可靠的电液控制系统以及环形供液、多架分组遥控等技术,实现设备列车环形供液,避免出现长管路流阻损失过大导致小车动作不一致、不协调的问题,确保列车同步平稳升降			
解决难题	解决了煤矿井下设备列车采用钢丝绳牵引、频繁移动绞车、高空悬挂单轨吊及铺设轨道带来的安全问题,避免设备列车发生自滑移、掉道、跑车、钢丝绳断裂等事故,同时提高工作效率			

取得成效	1. 减人方面。综采移变列车轨道自移系统简化了劳动组织工序,通过电液控制系统集中控制,设备列车配套操作人员从15人减少到2人,推进综采工作面自动化、无人化管理。 2. 增安方面。提出自移设备列车快速移动工艺,替代传统设备列车绞车钢丝绳牵引和高空悬挂单轨吊的工作方式,有效降低劳动强度,消除安全隐患。 3. 提效方面。列车组单次移动步距达到2 m,包括辅助工作在内单次循环时间约4 min,减少循环次数,提高工作效率。采用分组遥控电液控制系统、环形供液控制方式,提高列车长距离控制速度。实现了长距离设备列车高效拉移、顺槽管缆连续储运,提高整体运行速度

案例 6　神东煤炭锦界煤矿自主预测割煤技术在中厚煤层智能采煤工作面的研发应用

项目名称	神东煤炭锦界煤矿自主预测割煤技术在中厚煤层智能采煤工作面的研发应用			
项目完成单位	神东煤炭锦界煤矿		项目金额	322 万元
项目开始日期	2018 年 6 月 15 日		项目结束日期	2019 年 5 月 30 日
项目完成人	李永勤、高振国、靳现平、李宝珍、苏海祥、牛宝平、庄来田、于在川			
技术联系人	姓名	庄来田	职务	机电办主管
	联系方式	18049300679	电子邮箱	10040534@ceic.com
获奖信息	无			
案例概述	传统记忆割煤存在模式固定,无法应对多变的地质条件,缺乏数据分析和应用能力,工程质量差导致煤质指标下降。根据锦界煤矿综采煤层特点,将采煤机历史割煤数据进行分析,将运行数据和逻辑算法进行融合,将临架、临刀、采高等数据作为预测依据,绘制割煤高度预测曲线并记录实际运行曲线,实现预测与实际曲线的对比,从而保证记忆＋预测智能化割煤随着煤层变化平稳过渡。以采煤机自主预测割煤技术为核心,扩展应用视频随动以及远程控制等智能化技术进行辅助,实现融合多种智能化技术的中厚煤层智能化割煤技术			
适用条件	该案例适用于中厚煤层智能采煤工作面			
主要做法	1. 综采智能化配套技术分析。中厚煤层智能化技术的融合应用,将自主预测割煤、自主跟机拉架、视频随动、惯性导航以及辅助类技术进行融合应用,综采各系统均实现了数据采集与融合展示,实现了数据互通。 2. 自主预测割煤与自动跟机控制逻辑。综采工作面自主预测割煤技术工艺实现了煤矿开采有人巡视、跟机人员减少、远程调控采煤,其中采煤过程中采用了"十二工步"综合机械化自动割煤工艺,即根据煤机的割煤状态,分为机头到机尾、机尾极限位置变姿点、机尾到三角煤折返点、三角煤折返变姿点、三角煤到机尾折返点、机尾折返变姿点、机尾到机头、机头极限位置变姿点、机头到三角煤折返点、三角煤折返变姿点、三角煤折返点到机头、机头变姿点,共计十二个工步。支架与煤机实现数据通信,跟机煤机状态及当前工步,联动支架自动跟机程序,与煤机自主预测割煤相匹配。 3. 数据融合应用提高智能化水平。煤机预测数据系统充分应用了采煤机运行数据、传感器数据以及历史截割数据,实现煤机轨迹预测,以采煤机的割煤姿态、位置为关键联动数据,配合自动跟机、视频随动,实现支架自动化以及远程可视化,并借助地面远程控制、惯性导航、双闭环调速控制等技术,提高工作面各类设备的自动协同,实现综采工作面的少人化			

解决难题	通过智能采煤融合技术的研究应用,将采煤机、支架以及远程控制等技术进行融合应用,实现数据互通、协同运行,解决采煤工作面煤机、支架、视频等系统独立运行的问题,有助于提高综采智能化水平
取得成效	1. 减人方面。采煤工作面由原来的5人作业减至3人作业,单班减少2人。 2. 增安方面。正常生产时可减少工作面作业人员,生产过程中工作面平均每班3人作业,同时采煤机司机主要由实际操作变为远程监护和干预,大大降低工作强度,减少员工职业健康危害。 3. 提效方面。 (1) 首次实现了采煤机的双向双轨迹自动记忆割煤功能,成功解决了煤机机头机尾割透不自动返刀或误抬刀等问题; (2) 杜绝记忆割煤过程中煤机滚筒误割转载机的现象; (3) 减少了煤机自动割煤工艺过程中人工干预工作量,有效改善了记忆割煤过程中控制不足的问题; (4) 减少了自动割煤加甩刀对记忆数据的准确性的影响; (5) 预测割煤是通过很多参数根据影响大小综合得出的,比原来单一的"上一刀"记忆割煤能更好地控制采高和卧底; (6) 预测割煤是历史刀割煤数据和"上一刀"综合得出的,所以对于采高和卧底变化很大的工作面也能很好地过渡,不会出现大幅度的抬刀和卧刀; (7) 综采自动化率可达到85%,人工干预率控制在20%以下,提高了综采队智能化水平; (8) 煤机与"三机"的双闭环控制,避免空载磨损与过负荷运行,每年节约电费70万元,节约材料费用80万元

案例 7 神东煤炭柳塔煤矿基于智能监测与控制技术的无人值守智能主运系统研发应用

项目名称	神东煤炭柳塔煤矿基于智能监测与控制技术的无人值守智能主运系统研发应用			
项目完成单位	神东煤炭柳塔煤矿		项目金额	571 万元
项目开始日期	2021 年 7 月 22 日		项目结束日期	2023 年 4 月 20 日
项目完成人	刑海龙、郭鹏飞、魏鹏巍、唐俊飞、贾雪、李溯			
技术联系人	姓名	唐俊飞	职务	机电信息中心副主任
	联系方式	18047389818	电子邮箱	10034376@ceic.com
获奖信息	无			
案例概述	该案例来自神东公司级科研项目,在柳塔煤矿应用。关键技术有:AI 全视化智能监控系统、输送带纵撕在线监测系统、钢丝绳芯带面无损检测系统、设备健康管理与智能分析系统、集中润滑系统、机器人巡检等。实现了运输系统煤量均衡、连锁控制、故障自动诊断和报警、系统数据整体集成、视频监控全覆盖,使主运系统综合自动化全面提高,最终实现煤矿主运系统无人值守的目标			
适用条件	该案例适用于煤矿主运系统			
主要做法	在主运系统上安装 AI 视频监控、机器人、集中润滑、设备状态在线监测、远程集中控制等智能化系统,通过计算机、通信和网络等智能化手段对井下带式输送机实行全方位、多角度的集中管理,实现生产期间无人巡守。 1. AI 全视化智能监控系统。在带式输送机落煤点和驱动部、储带仓、机尾位置等重要部位安装智能高清摄像仪,采集被监视部位的视频图像等信息,实时传至集控室,实时监控和记录现场带式输送机上煤流和设备运行实况,智能分析图像,及时推送报警信息或停机。 2. 输送带纵撕在线监测系统。通过激光发射器照射胶带,激光束在胶带表面呈现一条与表面完全相符的轮廓线,高速摄像仪对运行中的胶带表面进行持续拍摄成像,传输给主机,实现胶带表面划伤、撕裂、在线识别,并根据胶带损伤程度给出报警、停机信号。 3. 钢丝绳芯带面无损检测系统。采用 X 射线成像技术,在输送机正常工作状态下,全方位实时检测,以 X 光成像的形式上传至地面,经专用软件分析,对胶带的内部钢丝绳锈蚀、断绳、接头抽动和表面划伤、掉胶、纵撕进行诊断、定位,避免胶带的横断和纵撕事故。 4. 设备健康管理与智能分析系统。设备温度和振动在线监测是通过温度传感器和振动传感器对电机、滚筒温度和电机振动数据进行实时监测,将信号采集数据通过 PLC 控制柜上传到集控室,并有弹出报警信息功能,让值班人员能够及时发现报警信息,及时告知现场巡查人员。			

主要做法	5. 集中润滑系统。润滑系统可根据设备现场环境等不同条件或设备各部位润滑不同要求,采用不同量油脂供给,适应单台设备或多台设备的各种润滑要求。改变了以往传统润滑方式,采用微电脑技术与可编程控制器相结合的方式实现自动润滑。 6. 巡检机器人。带式输送机巡检机器人能够自动沿轨道往复移动,实时采集、存储、传输现场的图像、声音、温度、烟雾等数据。同时,通过对采集的数据进行分析,判断其是否存在故障以及故障位置,及时做出响应,有效预防事故发生
解决难题	解决了带式输送机危险部位可视化管控问题,由智能化设备代替人工,降低人员接触转动部位的风险;通过分析系统数据进行智能巡检,及时发现存在的风险隐患,有针对性地安排日常的检修项目,做到精准高效检修,保障设备稳定运行,运行状态由经验分析转变为智能监测分析
取得成效	1. 减人方面。主运实现无人值守,减少岗位操作员,大大降低了职业病发病率,既保证了操作人员的健康,又达到减员增效的目的,运转队生产班仅管理人员每班次入井1~2 h,其余时间均在地面进行远程智能巡检。 2. 增安方面。通过系统识别带式输送机运行过程中打滑、跑偏、撕裂等现象的保护,以自动化、信息化手段替代岗位工视觉、听觉、点检、巡检等工况,起到"无人则安"的安全目标。 3. 提效方面。无人值守具有智能性、高安全性,可为日常检修工作提供可靠参考,及时发现事故征兆,为预防事故起到积极作用,从而减少机电事故的发生

案例 8　神东煤炭补连塔煤矿基于激光光谱监测技术的防爆胶轮车尾气排放监测系统研发应用

项目名称	神东煤炭补连塔煤矿基于激光光谱监测技术的防爆胶轮车尾气排放监测系统研发应用			
项目完成单位	神东煤炭补连塔煤矿		项目金额	228 万元
项目开始日期	2021 年 11 月 8 日		项目结束日期	2022 年 11 月 8 日
项目完成人	马伊科、陆浩、刘杰、马腾飞、刘宁、何茂炜			
技术联系人	姓名	马腾飞	职务	项目主管
	联系方式	18047386571	电子邮箱	446773233@qq.com
获奖信息	无			
案例概述	该案例来自神东煤炭科研项目,在补连塔煤矿井口后辅助运输车辆行进道路应用。关键技术有:激光光谱监测技术、视频智能分析技术和无人值守技术。实现了入井车辆入井前在行走过程中尾气的高效、智能监测,避免尾气超标时车辆入井造成井下作业环境污染,解决了煤矿井下辅助运输车辆超限尾气排放难管理的难题			
适用条件	补连塔煤矿基于激光光谱监测技术的防爆胶轮车尾气排放监测系统由尾气监测主机、副机,速度/加速度测量系统,车牌自动识别抓拍系统,环境气象仪,控制分析计算机,机柜及配套恒温系统,道路专用"L"形杆等设备组成,用于地面防爆车辆尾气监测,无特殊安装要求,可适配多种应用场景			
主要做法	防爆胶轮车尾气排放监测系统采用激光光谱监测技术,遥测主机探测光从发射端发出,射入对面接收端,形成水平直线光路。当车辆通过主机时,会将尾气中各主要成分在不同波长光谱中的吸收情况记录下来,并采用非接触式远距离探测机动车尾气成分的光谱吸收算法,得出尾气中一氧化碳、氮氧化物、碳氢化合物成分的测量值,并利用深度学习视频分析技术分析冒黑烟的车辆 补连塔煤矿基于激光光谱监测技术的防爆胶轮车尾气排放监测系统安装在 1# 主井房后防爆车入井前必经路段,通过遥测技术,分析防爆车尾气中的一氧化碳、氮氧化物、碳氢化合物,通过人工智能算法识别车辆冒黑烟情况,利用牌照识别单元自动采集车辆信息,最后将监测数据通过网络接入辅助运行车安全管理系统,并与井口道闸联动,实现防爆车辆尾气实时监控,限制尾气超限车辆入井。同时,利用平台对监测数据进行智能化分析,对超标车辆进行超限告警,对多次维修不合格的车辆进行淘汰			

解决难题	1. 系统采用可调谐半导体激光吸收光谱技术,激光发射及接收端安装在道路两侧,车辆经过安装点位时,激光发射端发射出的激光穿过车辆尾气烟团被对面的接收端接收,并将光信号转化为电信号,利用不同污染物对不同频率的光波具有特定吸收的特点分析尾气浓度,实现胶轮车行驶过程中尾气排放的非接触式测量。 2. 测量过程中无须人工参与,监测主机自动测量尾气浓度,同时车辆抓拍系统实时抓取车辆图片,系统实时记录车牌号及对应的尾气排放浓度,所有监测数据自动上传至胶轮车排放监测平台,实现防爆胶轮尾气排放的 24 h 不间断监测
取得成效	1. 减人方面。基于激光光谱监测技术的防爆胶轮车尾气排放监测系统在工作过程中无须拦车,检测速度快,实现无人值守工作和远程控制、分析及尾气检测自动化。系统投入使用后,成功实现了每天 2 人的车辆尾气监测岗位减员,可节约用人成本约 64 万元/a。 2. 增安方面。基于激光光谱监测技术的防爆胶轮车尾气排放监测系统建成后,将对矿井防爆胶轮车污染的发生、发展和变化进行有效、及时的监测,全面、准确地了解防爆胶轮车排放污染状况,从而进一步有效采取措施,通过维修治理和强制报废问题车辆,使整个矿井中由胶轮车造成的污染物排放量明显降低,提高煤矿整体安全生产水平。 3. 提效方面。基于激光光谱监测技术的防爆胶轮车尾气排放监测系统有效提升了矿井辅助运输车辆尾气监测效率,解决了过去人工使用手持仪器进行车辆尾气监测且监测检测气体种类有限、智能化水平不足等问题,使车辆尾气监测在监测效率和监测质量上均有大幅提升

案例 9　国神公司准东二矿基于自动反冲洗过滤技术的综合防尘系统研发应用

项目名称	国神公司准东二矿基于自动反冲洗过滤技术的综合防尘系统研发应用			
项目完成单位	国神公司准东二矿		项目金额	248.19 万元
项目开始日期	2023 年 5 月 25 日		项目结束日期	2023 年 10 月 24 日
项目完成人	谭立、彭宝山、张仲行、白玉鹏、孙大森、张先衡			
技术联系人	姓名	孙大森	职务	主管
	联系方式	13369942353	电子邮箱	18005261@shenhua.cn
获奖信息	无			
案例概述	该案例来自国神公司级科研项目,在准东二矿应用。关键技术有:双流体空气雾化技术、自动反冲洗技术、远程控制技术。实现了降尘装置远程联动等功能,提高了井下工作环境质量			
适用条件	该案例适用于中厚煤层井工煤矿			
主要做法	1. 在自动喷雾降尘终端采用双流体空气雾化喷嘴技术,实现对呼吸性粉尘的捕捉和沉降。 2. 使用一体化气水混合箱,安装反冲洗过滤器,实现喷雾管路自动反冲洗功能,确保喷嘴不被堵塞。 3. 使用智能降尘管理平台,实现阀门远程开闭、定时喷雾管理、传感器联动管理等功能。 4. 应用褶式滤筒过滤技术实现干式除尘器设备的自动清灰功能。 5. 运用泡沫降尘技术,造成无空隙的泡沫体覆盖,增加与粉尘颗粒的接触面和附着力,使得井下空气中的粉尘湿润并沉积,提高抑尘效果			
解决难题	解决了呼吸性粉尘捕捉难和水质差导致矿用降尘用喷嘴堵塞的问题			
取得成效	1. 减人方面。通过集控系统,采集粉尘浓度、人体红外等传感器数据实现降尘装置阀门远程联动。实现井下降尘装置及配套传感器高效管理,提升智能综合防尘系统管理水平,减少防尘工 2 人。 2. 增安方面。从大巷、转载点、顺槽到掘进工作面,形成一整套综合降尘系统,可有效降低煤矿井下作业场所的粉尘浓度,提升井下环境质量,提高职业卫生管理水平。 3. 提效方面。自动反冲洗过滤器保证喷嘴不被堵塞,降尘效率比喷雾洒水高 2～5 倍,泡沫降尘与其他湿式降尘方法相比,用水量可减少 50% 以上			

案例10 准能集团黑岱沟露天煤矿基于机器人化自主运输装卸技术的无人运输作业系统研发应用

项目名称	准能集团黑岱沟露天煤矿基于机器人化自主运输装卸技术的无人运输作业系统研发应用		
项目完成单位	准能集团黑岱沟露天煤矿	项目金额	14 794.9万元
项目开始日期	2021年8月10日	项目结束日期	2024年1月31日
项目完成人	钮景付、秦少华、郭培、徐钟道、李海滨、贺镜儒、崔文		
技术联系人	姓名	郭培	职务	经理
	联系方式	15894961199	电子邮箱	10570428@ceic.com
获奖信息	1. 入选国家重点研发计划项目; 2. 获得第五届"绽放杯"5G应用征集大赛标杆赛金奖; 3. 该项目被国资委网站、中国煤炭网、中国煤炭工业协会官司网、新华网、中国电力报、中央电视台、内蒙古电视台等多家主流新闻媒体报道		
案例概述	该案例来自准能公司级科研项目,先后被列入国家重点研发计划智能机器人专项和集团科技创新项目,在黑岱沟露天煤矿单斗-卡车间断工艺应用。关键技术有:高精度融合感知技术、双控双驾线控改造技术、智能作业管理与监控系统技术、实时仿真及数字孪生技术、基于4G/5G无线网络通信技术、卡车健康管理技术。实现了无人驾驶多编组常态化运行,有利于防范、化解生产安全风险,减少设备因人为操作不当造成的损耗,大幅度节约人工成本,具有行业引领及示范作用		
适用条件	该案例适用于露天煤矿用卡车车无人驾驶场景		
主要做法	1. 通过应用高精度融合感知技术,将四维光场相机、激光雷达、毫米波雷达的感知数据进行融合,满足矿区恶劣工况的使用需求,对作业环境和工况进行准确感知,实现了安全跟车会车、自主避障、挡墙自适应停靠等功能。 2. 通过应用双控双驾线控改造技术,在保留卡车原有的操作控制装置和功能不受影响的情况下,实现有人/无人驾驶模式自由切换,结合完善的电控系统和应急安全管理策略,保障了无人驾驶卡车的高效、安全运行。 3. 通过建立智能作业管理与监控系统,实现了智能调度管理、卡车运行状态监控、数据统计与报表分析、路径智能规划等功能,该系统是无人驾驶的控制中心、数据中心和决策中心。 4. 通过应用实时仿真技术,建立精准的多型车辆动力学模型,构建差异化的精准控制策略,实现对多型卡车编组运行的精准模拟仿真和卡车运行状态的实时监控,大幅节约调试时间。		

主要做法	5. 通过研制基于4G/5G的无线网络通信技术,以高稳定性、广兼容性、多冗余性为原则,满足露天煤矿无人运输作业系统的通信需求。 6. 通过建立卡车健康管理系统,设置45处监测点,安装78个传感器,可以全方位监测无人驾驶卡车的实时运行状态,具备系统自检、故障诊断、检修结果上报、健康状态评估、数据存储与历史数据查询等功能
解决难题	消除了传统运输环节过程中存在的安全隐患,切实保障了作业人员的人身安全,改善了环境,减少设备因人为操作不当造成的损耗,大幅度节约人工成本,解决运输岗位"招工难"问题,实现"减人""增安""提效"
取得成效	1. 减人方面。目前,黑岱沟露天煤矿已累计完成37台无人驾驶卡车的改造,其中28台卡车具备无人驾驶编组运行条件,除去点检运维人员,坑下卡车司机总计可减少、转岗约56人。预计到2025年,完成66台卡车无人驾驶改造,实现无人驾驶大规模应用示范,可减少作业人数约200人。 2. 增安方面。无人驾驶项目最大限度地降低了作业人员直接参与现场生产作业,有效改善职工作业环境,降低职业病发病率。同时,无人驾驶卡车配备可靠的融合感知、组合惯性导航、健康管理等系统,配置完善的安全冗余和控制策略,切实保障无人驾驶卡车安全、稳定、可靠运行。 3. 提效方面。现阶段无人驾驶作业效率约为人工作业的85%,无人驾驶项目的研究和实施将有利于防范、化解生产安全风险,使设备平均运输效率高于人工作业水平。项目建成后,预计平均每月拉运量较有人驾驶矿用卡车提高5%以上,运行效率接近人工作业水平

案例 11　平庄煤业蒙东矿业 WK-12C 电铲基于智能监测与感知技术的远程操控系统研发应用

项目名称	平庄煤业蒙东矿业 WK-12C 电铲基于智能监测与感知技术的远程操控系统研发应用		
项目完成单位	平庄煤业蒙东矿业	项目金额	538 万元
项目开始日期	2022 年 11 月 3 日	项目结束日期	2023 年 4 月 20 日
项目完成人	何建、张泽		
技术联系人	姓名	何建	职务	副科长
	联系方式	15804791766	电子邮箱	12065667@ceic.com
获奖信息	无		
案例概述	该案例来自平庄煤业蒙东矿业安全技改项目,在蒙东矿业胜利西二号露天煤矿应用。关键技术有:挖掘机现场模块和远程操作室模块。其中挖掘机现场模块主要包括安全检测改造、关键部位状态监测等。远程操作室模块主要是通过对电铲远程操作台及控制台加装远程控制模块,最终实现设备的远程操作,减少坑下作业人员,改善员工的作业环境		
适用条件	该案例适用于露天煤矿采煤及剥离作业		
主要做法	1. 通过电铲传感器的数据采集、辅助预测、分析与执行结果,提高信息化与工业化融合及自动化水平;采集电铲电机、PLC 状态、轴承温度、运行时间累计等信息;实时监测推压、提升、回转条件下的频率、给定信号、电压反馈、位移、电动机电枢电压等参数 2. 利用载波相位差分技术(RTK)亚米级高精度定位装置、陀螺仪、振动反馈装置、倾角传感器,获取电铲上车、下车以及铲斗的位置信息,实现铲斗精准定位,并在远端操作台实时感知电铲各个模式下的运动反馈,如路面颠簸、铲斗碰撞物体、上下坡倾斜感等。 3. 通过火灾监控、自动灭火系统及斗齿监控系统,关键部位实现火灾监控,及时报警,快速响应,自动灭火。配置智能斗齿识别系统,系统采用热成像及视觉分析技术,实时对斗齿图像进行缺失和磨损过度检测,并提供声音和图像警告。 4. 电铲周围加装高清摄像机,具备红外夜视功能,在电铲周围安装雷达测距装置,设置雷达探测工作范围,对远程操作下现场环境范围内的障碍物进行防撞预警。 5. 建立远端操作室,实现电铲远程操作控制。远端操作室配备发光二极管(LED)大屏幕,将摄像头采集的视频信号实时呈现在远程操作室的显示屏,驾驶员通过观看显示屏的画面来操作挖掘机		
解决难题	解决了坑下作业人员多、电铲司机作业环境差等问题,实现电铲远程控制,改善了司机操作环境,增加了安全系数;设备监测系统采集、分析设备运行数据,监测故障信息,做到超前检修,有效避免了电铲突发事故的发生		

续表

取得成效	1. 减人方面。通过增加远程控制室、六自由度平台、电铲环境感知系统、电铲整机姿态感知系统、视频信号采集系统等,将驾驶人员从恶劣的现场转移到干净整洁的远程操控室,实现对电铲的远程操作控制。满足国家智慧矿山少人化及无人化的要求,避免恶劣环境对人员的伤害。 2. 增安方面。通过增加自动灭火系统、斗齿监控系统及安全警示系统,显著提高电铲运行的安全性,有效避免现场操作事故的发生。 3. 提效方面。通过增加各部位监测系统,收集反馈数据信息。对数据信息的分析使得电铲设备智能化,有利于辅助驾驶人员的安全操作,同时,使得检修维护人员可以更快地检索出故障问题所在,提高检修效率

案例12 神东煤炭哈拉沟煤矿基于行波监测与绝缘预警技术的高压动力电缆故障预警系统研发应用

项目名称	神东煤炭哈拉沟煤矿基于行波监测与绝缘预警技术的高压动力电缆故障预警系统研发应用			
项目完成单位	神东煤炭哈拉沟煤矿		项目金额	176万元
项目开始日期	2021年10月30日		项目结束日期	2023年3月1日
项目完成人	董志超、吕晓明、代鹰、胡波、温天飞			
技术联系人	姓名	代鹰	职务	副主任
	联系方式	18049328833	电子邮箱	907246769@qq.com
获奖信息	无			
案例概述	该案例来自国家能源集团智能化建设专项项目,在哈拉沟煤矿应用。关键技术有:行波预警技术、行波选线技术、故障测距技术。实现了高压动力电缆绝缘在线预警、故障电缆快速定位故障点,保证供电安全的目标			
适用条件	该案例适用于井工煤矿井下供电系统			
主要做法	1. 高压动力电缆故障预警监控系统包含GPD电流行波探头、矿用本安型电流行波采集器与分析主机。在每台高压柜后部高压电缆上安装GPD电流行波探头,监测被测电缆的暂态电流行波信号,每16个探头接入一个矿用本安型电流行波采集器。电流行波采集器最终与控制主机相连接。电流行波探头将采集到的暂态行波与稳态分量进行分析处理,预测电缆运行状况。经上位机计算对故障电缆进行报警和故障诊断,实现电缆故障预警、接地故障测距和故障选线等功能。 2. 系统采集到的"可恢复故障"数据,由于其暂态过程特性,其中也包含有行波过程信息。利用该行波信息,可实现在故障预警的同时,指示故障点距离。 3. 当电力线路发生故障后,在故障点会产生向线路两端传播的故障行波,故障行波在母线处会发生折反射,会顺着母线流入其他非故障线路。所有线路中电流初始行波幅值最大,极性与其他线路相反的为故障线路			
解决难题	高压电缆短路故障会导致大面积停电,造成较大影响,以往处理高压电缆故障需要分段遥测绝缘,耗时较长,工作量较大,是导致故障处理时间较长的主要原因。应用此系统可以监测电缆绝缘值变化情况,对于电缆受损、受潮、老化等安全隐患提前发现,提前处理。当出现如电缆接头被拉开等瞬间故障情况,系统可对故障点进行判断,大大缩短故障处理时间,降低停电影响			
取得成效	1. 减人方面。该预警系统实现对电缆的自动化检测,减少了人工插拔电缆、手动测试等操作,极大地减少了人力投入。 2. 增安方面。当发生高压电缆故障后,定位精准度可达±4.25 m,大大缩短故障处理时间,同时可以对线路绝缘值下降精准报警,保证矿井供电安全。 3. 提效方面。可以提高故障处理效率,降低人员排查高压故障时不断分段遥测绝缘的劳动强度;实时监测电缆的状态和变化,及时发现潜在的故障风险,降低了因故障积累引发更大问题的可能性			

案例 13 神东煤炭锦界煤矿均衡排水管理系统在水文地质极复杂矿井的开发应用

项目名称	神东煤炭锦界煤矿均衡排水管理系统在水文地质极复杂矿井的开发应用		
项目完成单位	神东煤炭锦界煤矿	项目金额	135.9 万元
项目开始日期	2021 年 4 月 2 日	项目结束日期	2022 年 7 月 30 日
项目完成人	李永勤、靳现平、李宝珍、苏海祥、牛宝平、庄来田、徐元涛、于在川、郭建军		
技术联系人	姓名	徐元涛	职务	班长
	联系方式	18049300528	电子邮箱	420112257@qq.com
获奖信息	无		
案例概述	锦界煤矿井下共有 7 个排水泵房,总排水能力为 10 900 m³/h,目前矿井总涌水量为 5 800 m³/h,为减少设备监护、系统切换造成的人工浪费,避免浊度过大影响污水处理能力,解决高峰排水造成的成本增加等问题,建立矿井智能排水系统,该项目通过在采空区、所有水泵房安装自动排水装置,实现安全排水、错峰排水功能;在井下主排水管路上安装管路压力传感器和浊度仪,基于浊度、压力、液位及流量值实现各排水泵房自动控制及排水管路的自动切换,从而实现全矿井的均衡排水		
适用条件	该案例适用于涌水量较大的矿井,技术路线同样可应用于地面污水处理厂等地方		
主要做法	1. 以问题为导向制定排水模型。锦界煤矿属于水文地质条件极复杂矿井,因此每处矿井水涌水量大小、管路直径、浊度、水流的源头与走向均经过详细的勘探,与专业人士经过反复探讨,最终确定解决问题的方案。 2. 统筹推进、分步实施。按照计划统一规划部署,将该系统划分为 3 大块,分别是污水管路的自动切换、采空区水位的错峰排水及泵房的联动排水。按照不同的功能模块协调各区队,保证设备的安装调试进度。遇到问题当班反馈,当天提出解决问题的方法,保证项目稳步推进。 3. 成功应用、节能安全。为解决不敢投入常态化使用的问题,经过与员工不断交流与沟通,并在大量的理论数据与现场检验相结合,确保安全、好用的条件下,投入常态化使用,解决供排水系统的痛点与难点,实现错峰排水、节能排水与均衡排水的功能,并将这一项目作为供排水系统的亮点		
解决难题	1. 采空区及泵房排水无法有效控制,导致排水系统耗电量占比较高。 2. 矿井清污分流难,井下污水管路不能根据浊度值自动切换管路的问题,避免排水系统因浊度过高而导致系统负荷过大。 3. 解决泵房排水系统无法与地面实现联动,需人工频繁手动切换的问题。 4. 解决排水管路的压力不平衡无法自动分流的难点		

取得成效	1. 减人方面。通过泵房的自动关联排水,远距离停送电系统,减少固定岗位工27人。 2. 增安方面。优化巷道排水管路设计。通过对综采工作面顺槽管路流量计的数据监测与分析,逐步优化顺槽管路安装设计,将原来一趟DN400、两趟DN300管路优化设计为两趟DN300管路+富水区一趟DN200管路,同时优化中转水仓数量设置,减少矿务工程费用。 3. 提效方面。(1)实现了矿井水清污分流,减轻了地面污水处理厂压力。井下产生的清水直接收集或污水经采空区过滤后通过清水泵房直接排至地面复用,实现清污不混排,节省了排水费用,减轻了污水处理厂的压力,每年减少污水处理费用约970万元。(2)实现错峰排水,实现了31403、31405、31408、31409排水地点共计4台MD280离心泵的错峰排水,同时实现了盘区一号水泵房、盘区三号水泵房共计2台MD450泵的错峰排水,每年节约电费约223.69万元。(3)通过均衡智能排水管理系统大数据的分析,对主要水泵房的排水系统进行了优化,封存水泵21台、排水管路32 550 m,并停运了盘区2#水泵房,每年节约费用1 083万元。同时,优化了工作面顺槽管路安装和中转水仓设置数量

案例 14 神东煤炭乌兰木伦煤矿矿鸿系统"软总线"及统一 HCP 协议技术在井下智能设备的全面应用

项目名称	神东煤炭乌兰木伦煤矿矿鸿系统"软总线"及统一 HCP 协议技术在井下智能设备的全面应用			
项目完成单位	神东煤炭乌兰木伦煤矿		项目金额	1.64 亿元
项目开始日期	2021 年 11 月 12 日		项目结束日期	2022 年 12 月 25 日
项目完成人	高登云、沈秋彦、张拴民、刘伟、刘世平、王进龙、武瑞杰、宋晓锋、张继承			
技术联系人	姓名	王进龙	职务	主管
	联系方式	18047383695	电子邮箱	492704617@qq.com
获奖信息	无			
案例概述	该案例来自公司级科研项目,在神东煤炭乌兰木伦煤矿应用。关键技术有:提供自主可控的工控操作系统内核和统一数据标准(HCP)协议,能够实现数据融合、共享和智能化应用			
适用条件	该案例适用于井工煤矿井下所有智能设备			
主要做法	在井下智能综采工作面,利用矿鸿系统,结合矿鸿软总线能力,通过 5G 通信网络,借助先进智能巡检、红外热成像、惯性导航技术,构建精确三维地质模型,实现工作面"视频跟机、有人巡视、自主割煤和远程干预"的采煤模式,综合自动化率达 92%。变电所内实现高压开柜、馈电开关、矿鸿升级建设,进而实现供电保护国产化、自主可控。从矿鸿供电系统开始,逐步推动,实现手机"一碰连"及万物互联。其中,国产矿鸿保护装置采用国产芯片,且搭载矿鸿操作系统,满足矿鸿建设要求,用国产芯片替代进口芯片,保障了技术供应的连续性,极大地提高了数据安全和网络安全性;手机"一碰连"功能改变了传统的设备数据显示和维护的方式,使"无屏设备变有屏""小屏变大屏"。电子挂牌系统可在数据平台、手机端、保护设备端实现电子挂牌、摘牌功能,避免误送电,保证供电可靠性;PLC 搭载矿鸿系统,自主可控,编程易懂,方便使用者维护和管理。将人工智能、工业互联网、云计算、大数据、机器人、智能装备等与变电所技术进行深入融合,形成全面感知、实时互联、分析决策、自主学习、动态预测、协同控制的智能系统,实现了全矿井的智能化运行			
解决难题	通过应用矿鸿系统可实现万物互联、人机互联、机机互联、万物感知等功能,能够解放劳动力,无人值守的运行模式也可以节省开支,将这部分费用转移到更值得完善和优化的工作环节里。经过智能化煤矿建设,实现智能综采工作面、节能胶带运输集控系统、全系统融合等,可以重新调整岗位、配置人员,下达用工计划			

取得成效	1. 减人方面。通过独特"软总线"以及统一的 HCP 协议等关键技术,将不同厂家的设备互联互通,助力煤矿企业建设"智能感知、智能决策、自动执行",从而逐步达成采煤、运煤、管理的自动化,最终实现无人化。 2. 增安方面。实现了模块化设计,可灵活裁剪组件,能够适配不同类型硬件。搭建成完全自主可控的智能"数据湖",矿鸿系统将海量矿井生产数据进行全过程采集、集中智能存储,统一生产数据存储标准,建成行业首个煤炭生产"大数据湖",既保障了自有数据的安全、稳定,又实现了数据的高效交互与共享。 3. 提效方面。(1) 合理调度设备的运行时间,减少设备空转,降低能耗,提高设备的运行效率;(2) 实时监测设备状态参数及报警信息,及时发现故障隐患并停机检修,避免设备故障的扩大和减少停机事故;(3) 改变设备运行维护理念,变设备故障事后处理为超前预控,避免设备带病运行,延长设备使用寿命;(4) 为煤矿节省生产投入费用和运行费用,间接增加煤矿效益

案例 15　胜利能源设备维修中心基于在线监测及故障智能诊断的设备健康管理系统在露天矿山研发应用

项目名称	胜利能源设备维修中心基于在线监测及故障智能诊断的设备健康管理系统在露天矿山研发应用		
项目完成单位	胜利能源设备维修中心	项目金额	688 万元
项目开始日期	2022 年 1 月 1 日	项目结束日期	2023 年 5 月 18 日
项目完成人	杨文义、翟建军、刘喜、高飞、于晓波、霍俊杰、王飞、高方欣		
技术联系人	姓名	霍俊杰	职务	技术员
	联系方式	15849936870	电子邮箱	11614437@ceic.com
获奖信息	1.《矿用卡车实时状态监测与预测性维修系统技术规范》被中国煤炭工业协会列入 2023 年第一批团体标准制定计划; 2."WK-35 电铲健康状态监测及故障智能诊断平台"获得 2022 年"振兴杯"内蒙古自治区青年职业技能大赛三等奖; 3. 第十七届"振兴杯"全国青年职业技能大赛(职工组)优胜奖		
案例概述	该案例来自胜利能源公司级科研项目,在露天煤矿采掘、运输设备上应用。关键技术有:5G 网络技术、专家诊断模型技术、维保服务全周期融合管理技术、数据采集传输技术。解决了当前矿山设备事后维修模式以及依靠经验的、定性的方法确定设备检查、维护模式,实现了设备的状态维修		
适用条件	该案例适用于单斗卡车工艺作业的大型露天采、掘生产作业现场		
主要做法	1. 5G 网络技术。5G 组网采用 2.6G+700M 频段混合组网,同时兼顾覆盖和容量,运用网络功能虚拟化(NFV)技术,采用核心网控制面、用户面分离的方式部署,5G 网络实现了低延迟、大带宽、数据安全传输和安全访问等需求。 2. 专家诊断模型。基于对设备全方位的数据采集和设备维修专家的服务经验,实现对设备故障异常的远程识别和感知,在故障未造成更大的损失前及时发现异常以降低设备维护成本。 3. 维保服务全周期融合管理技术。通过以故障监控处理为中心节点组织的方式,对点检管理、保养管理、维修过程管理等进行有机融合,结合故障远程诊断功能,提供全周期的维保信息化实现。 4. 车身数据采集传输技术。系统的设备端数据采集通过数据采集控制器接入控制器局域网(CAN)总线,以秒级的数据采集周期对 CAN 数据进行采集,实现多个总线节点对数据的使用。设备数据终端通过 5G 通信加密协议传输到平台数据网关		
解决难题	改变了矿山设备事后维修模式以及依靠经验、定性的方法确定设备检查、维护的模式,消除了设备维修中存在的"维修不足"和"维修过剩"现象,故障超前预测,提升了设备可靠性和安全性		

取得成效	1. 减人方面。通过该系统的应用,设备点巡检方面实现远程设备状态监测加现场点检的模式,总点检人员减少5人,实现了设备的全状态点检。 2. 增安方面。目前综合故障维修的单次指挥车往返率约1.8,参考矿用卡车实时状态监测系统在电气故障中的应用,单个电气故障往返率从2021年的2.28次降至2022年1.16次,平均年度降幅约17%,预计今年综合故障往返率可降至1.41,2022年故障614次,今年可减少指挥车往返次数256次,减少露天作业现场维修人员,实现本质安全。 3. 提效方面。2022年度胜利能源50台220T矿用卡车总故障时间约8 200 h,通过该系统应用,可降低总故障时间约10%,约820 h,按220T级卡车生产能力和设备生产配比,年可多增加土方运输量102.5万 m^3 。其中土方成本为6.31元/ m^3 ,此项可为公司创造效益643.6万元。主采设备WK-35电铲平均出动率94%,较考核指标提升了8%,故障时间逐年下降,可增加设备年度运行时间超过600 h,每年可增加煤炭生产20万 t、剥离量110万 m^3 。胜利露天矿2021年单台WK-35电铲平均年采剥总量达到857万 m^3 ,最高达到1 006万 m^3 ,平均高于行业水平15.6%,最高超过行业水平33%,提高了生产效率,也减少了现场维修带来的安全风险

案例 16 神东煤炭选煤厂板框压滤机远程控制管控平台研发应用

项目名称	神东煤炭选煤厂板框压滤机远程控制管控平台研发应用		
项目完成单位	神东煤炭洗选中心	项目金额	100 万元
项目开始日期	2022 年 4 月 8 日	项目结束日期	2022 年 8 月 8 日
项目完成人	张敏、李江涛、张海生、王安佳、张新明、刘军、王诚、白刘贵		
技术联系人	姓名	张敏	职务	技术员
	联系方式	15149795934	电子邮箱	465931583@qq.com
获奖信息	神东煤炭集团洗选中心创新创效一等奖		
案例概述	洗选中心现有板框压滤机 40 台,分别由景津、安德里茨公司生产,现各厂板框压滤机均采用 WinCC Fiexble 触摸屏现场就地控制,设备启停必须由岗位工现场操作。受限于各生产厂商之间技术封闭,板框压滤机现有控制系统的集中控制方式存在"技术壁垒",制约选煤厂智能化发展。该项目解决了只能通过原厂控制终端进行本地控制而无法实现远程控制的问题,极大地降低了机电故障率,减轻了人员劳动强度		
适用条件	该案例适用于煤矿选煤厂		
主要做法	1. 对使用 STEP 7 软件自主编程研发,使西门子的 CP341 通信模块与 AB PLC 通信模块连接,在西门子 PLC 和 AB PLC 分别做通信配置,配置数据交互区编写通信程序。实现了西门子 S7-300 PLC 与工控系统数据融合。 2. 通过对使用 KingIOServer3.7 SP1 数据采集平台采集西门子 S7-300 PLC 的数据,依托 KingSuperSCADA1.0 矿井生产管控一体化平台配合摄像头实时监测,实现远程控制板框压滤机功能。 3. 通过 PC 端、大屏端、手机端和平板电脑(PAD)端进行展示,同时手机端和 PAD 端进行相应的控制操作。业务内容上涵盖板框压滤机启停动态展示、数据返回、启停操作、操作记录等		
解决难题	1. 实现了设备故障诊断分析功能,降低机电故障率,预计每年机电故障率降低约 5%。 2. 降低人工成本、人员劳动强度。原来每班板框压滤机安排 1 人,工作 8 h。改造后工作时间降低为 2 h。 3. 系统自主开发,后期自主维护,降低了工控系统的维护成本,若全中心推广应用,预计节省工控专业化服务费 400 万元。 4. 系统具备多系统融合,数据共享功能,为系统的二次开发提供便利		

续表

取得成效	1. 减人方面。KingSuperSCADA1.0软件和视频识别技术可对板框压滤机控制系统进行智能化改造,打造无人值守运行。依托矿井生产管控一体化平台,实现岗位级移动App控制,实现设备精准检修,每班减少现场岗位工1名。 2. 增安方面。数据完全掌握在自己手中,真正实现了数据自主,方便后期二次开发工作。 3. 提效方面。(1)煤泥处理量由原来31 t/h提高至37 t/h,处理能力提高19%,提高末煤入洗效率15%,提高商品煤发热量41.86 J/t,创造效益540余万元。(2)提高了生产系统的运行效率,根据试运行效果测算,生产效率提升约5%,节约成本(电费)约68万元(按补连塔选煤厂2021年吨煤电费为3.35元,商品煤量为2 026.51万t计算),若全中心推广,预计节约成本约700万元。(3)系统自主开发,后期自主维护,降低了工控系统的维护成本,年节省工控专业化服务费20万元

案例 17 神东煤炭锦界选煤厂基于无人值守汽运装车系统研发应用

项目名称	神东煤炭锦界选煤厂基于无人值守汽运装车系统研发应用		
项目完成单位	神东煤炭锦界选煤厂	项目金额	30 万元
项目开始日期	2022 年 6 月 1 日	项目结束日期	2022 年 8 月 1 日
项目完成人	艾熙昭、马金立、张勃、高治峰、张炜、孙亚东、李君梅、曹建德		
技术联系人	姓名	艾熙昭	职务	技术主管
	联系方式	15309121409	电子邮箱	10034594@ceic.com
获奖信息	1. 2022 年神东煤炭洗选中心创新创效二等奖; 2. 2022 年神东煤炭洗选中心安全管理创新案例优秀奖; 3. 2023 年 2 月通过陕西省 A 类矿井智能化验收		
项目概述	锦界选煤厂是神东煤炭洗选中心下设的委托运营选煤厂,承担锦界煤矿原煤的洗选加工和装车外运任务,年核定处理能力为 1 800 万 t,位于神木市锦界工业园区。围绕汽车装车系统"无人值守"建设,已完成了全厂两套汽运装车系统的升级改造,搭建了汽运装车远程监控中心,建立了一套汽运装车检斤计量管理系统。项目研发经历了"双系统双控自动化装车试验→双系统单控自动化装车试验→双系统无人值守远程监控自动装车"的过程。累计完成 18 项远程控制无人值守汽运装车技术的测试与验证,解决了一大批装车厂家的适配问题。 2022 年 8 月至今,汽运装车系统开始常态化无人值守自动化装车作业,攻克了车辆识别、快速装车系统配煤、车辆位置车型识别、装车溜槽精准控制、远程监控和装车应急处置等技术难题,实现了"双塔"远程一键自动装车模式,制定了无人值守汽运装车作业规程和标准化作业流程,打造了汽运装车无人化新标杆,引领行业发展		
适用条件	该项目适用于煤矿选煤厂汽运装车系统		
主要做法	1. "双塔"单控自动化装车。开发的装车检斤计量管理系统预先定义好煤种、煤仓、车辆和客户数据。然后输入客户合同、调拨计划,每天根据合同和调拨计划生成日售煤计划和日执行计划,系统将按照日执行计划进行汽运装煤作业。当日给客户装煤的合法车辆到达地销仓入场口,系统进行车牌识别和射频识别(RFID)双校验,校验通过允许入场装煤,否则拒绝入场。车辆入场后系统将自动根据日执行计划进行煤仓分配,车辆排队装煤。当车辆到达入仓口,通过道闸进行车牌识别,判断当前车辆是否合法、是否跑错仓,前车已离开时,道闸自动打开,车辆入仓。通过电脑集成控制,筒仓下红外对射和传感器等设备配合使用,自动控制升降杆,分配车辆进入装车定点位置,并实时计算车辆边缘位置与溜槽位置,自动配煤、放煤,从而实现"单仓双控"自主装车。根据煤仓设置的计量模式不同有不同的处理流程。如果计量模式是定量仓模式,则装车员开始装车,装车结束后自动打票离场。如果计量模式是汽车衡模式,则在装车前进行空		

主要做法	车称重,称皮后再开始装车,装车结束后需要进行重车称重,称重后自动打票离场。如果车辆需要洗车,则车辆到达洗车房,进行道闸车牌识别,合法车辆可进行洗车,洗车后离开,否则拒绝进入洗车房。 2.“无人值守”远程监控自动化装车。将1号汽运仓和2号汽运仓自动化装车组态软件和控制程序部署在机房的HiOne服务器上,分别在选煤厂调度室、火运集控室、汽运1号仓集控室、汽运2号仓集控室安设客户端操作工控机,利用选煤厂工业控制网络进行通信并配置网络,通过权限登录可在客户端工控机上操作和监控2套汽运装车系统。在HiOne客户端上开发设置了数据库服务器、应用服务器、道闸、RFID、自动化装车PLC、视频监控等系统状态检测界面,确保系统的稳定可靠。在HiOne客户端上设置了权限登录操作功能,装车员装车前使用已授权的账户进行登录。进入界面后可对仓位、称重系统、设备状态和装车现场监控进行查看、对讲和设备启停操作。在现场安设了喊话器,便于和装车司机进行对话和交流,同时安设了紧急状态下急停装置,保证紧急状态下的应急处置
解决难题	实现汽运装车在“车辆识别、快速装车系统配煤、车辆位置车型识别、装车溜槽精准控制、远程监控和装车应急处置”典型作业过程中的完全无人运行,实现两套汽运装车系统高效协同作业,将装车人员从不间断高强度的装车作业中解放出来,降低装车成本,提高装车效率
取得成效	1. 减人方面。汽运装车“无人值守”自动化运行模式实施后,装车员只需要在集控室轻松点击控制系统按钮进行操作,减少了装车员岗位工。 2. 增安方面。汽运装车“无人值守”自动化运行模式调试成功后,降低了装车员与煤尘、噪声等职业危害因素的接触时间,工人的工作环境得到了很大改善,大大降低了职业病的发病率。 3. 提效方面。系统自动智能识别车型、精准计量,实现两个仓同时装车作业,块煤发运量每班高达480车,装车效率提高了50%;汽运装车从双岗配置减少到单岗操作,一年减少人力成本30万元。汽运装车无人值守项目的成功投运是锦界选煤厂智能化建设的又一项丰硕成果。通过智能技术创新,不断防范化解安全风险难题,提高信息管理智能化程度,实现“设备运行智能化、岗位值守无人化、信息传输集成化”

案例 18　包头能源选煤厂基于磁耘技术的人员定位系统研发应用

项目名称	包头能源选煤厂基于磁耘技术的人员定位系统研发应用		
项目完成单位	包头能源选煤厂	项目金额	623 万元
项目开始日期	2021 年 5 月 28 日	项目结束日期	2023 年 10 月 10 日
项目完成人	杨成龙、李宁、杨木林、李明、石建光、熊树宝		
技术联系人	姓名	孙银辉	职务	部长
	联系方式	13948739464	电子邮箱	11510150@ceic.com
获奖信息	无		
案例概述	该案例来自集团级科研项目,李家壕选煤厂、韩家村选煤厂应用。关键技术有:地磁多源融合定位,电子围栏警示,与对讲、灯控和视频监控融合联动等技术。提高了选煤厂人员安全管理的全厂覆盖、全员覆盖、全程追踪的管理能力和水平,为实现智能安防提供重要基础技术支撑		
适用条件	该案例适用于复杂金属环境、多场景(开放、装置区、封闭空间等)的选煤厂工作条件		
主要做法	1. 通过定位技术进行整合,结合选煤厂的工艺特点,将地磁定位、蓝牙接收信号强度指示(RSSI)、行人航位推算(PDR)、卫星定位等多元融合定位技术的智能化方案,能够更好地解决复杂工业场景的人员定位安全管理需求。 2. 为全厂工作人员提供多样化、个性化的基于位置的服务,实现定位系统的全流程、全方位覆盖,实施时需要考虑厂区的室内与室外多种环境和时空区域的特点,在不同的时间和空间维度采用不同的定位技术,实现全厂最优的定位系统解决方案。 3. 发明了标准化、易操作的磁场采集工具和磁图构建技术,保证了磁场采集的效率和质量,实现磁场地图坐标与三维平台模型坐标的快速、准确校准,为在三维模型上进行可视化展示提供技术支持。 4. 提出了磁传感器参数的快速标定方法以及随机干扰磁场的辨识分离技术,确保了磁场测量精度。 5. 建立了人员的复杂运动模型,能够准确地识别人员的运动状态,实现人员轨迹的正确估计。 6. 给出了多源融合定位算法的融合策略设计,根据各个传感器数据,自动选择配置不同的定位算法模块,包括装置内、装置外、存在式定位场景、精确定位场景等,并随着环境和状态的改变自如切换,降低了人员定位全厂覆盖的成本		
解决难题	在保证定位精度的基础上,位置可靠、连续、无"盲区";平台切换准确、无漂移,首次实现选煤厂人员管理全区域、全员、全程追踪的能力,解决了现有定位系统需要基站铺设、建造成本高、维护成本高、市场推广难的问题		

取得成效	1. 减人方面。智能终端内集成定位、对讲等模块,实现定位、集群对讲、智能照明等功能的融合,减少工人身上携带的终端数量,大大减轻现场使用人员的负担,便于推广。 2. 增安方面。磁耘人员智能定位系统的应用,能够实时掌握现场人员的位置状态等信息,出现紧急情况时,能快速确定人员分布、具体位置以便及时进行救助。该系统通过对人员位置的跟踪、记录、存储、分析,确保人员安全、工作,提高工作效率,降低管理成本,为工作现场人员的健康和安全多加一层保障,在行业内首次实现了人员安全管理的全区域覆盖、全员覆盖、全程追踪的管理能力和水平,为后续实现无人安防提供基础技术支撑。 3. 提效方面。建设成本与维护成本显著降低,可靠性、稳定性显著增强。采用先进的地磁定位等多元融合定位技术,不需要在现场铺设大量基站,抗电磁和金属干扰能力强。由于不需要弱电施工,50万 m^2 的厂区交付周期小于两个月,成本可降低30%以上

案例19　雁宝能源储装中心全自动无人装车系统研发应用

项目名称	雁宝能源储装中心全自动无人装车系统研发应用		
项目完成单位	雁宝能源储装中心	项目金额	635.7万元
项目开始日期	2021年9月30日	项目结束日期	2023年9月20日
项目完成人	孟峰、韩宝虎、张磊、赵亮、贾峰、屠凤钊、包涵		
技术联系人	姓名	杨坤	职务	生产技术部副主任
	联系方式	18547003377	电子邮箱	309377321@qq.com
获奖信息	无		
案例概述	该案例来自宝日希勒公司级科研项目,在储装中心2#装车站应用。关键技术有:车厢动态全周期智能测量技术、基于多普勒效应的车厢测速技术、自适应连续装车控制技术、机车自动驾驶及智能远程控制技术等。从机车对位、胶带自动启停、物料配料、卸料等装车全过程实现智能控制		
适用条件	该案例适用于松散物料的铁路运输装车条件		
主要做法	1. 储装中心装车站全自动装车系统采用"车载设备＋控制中心＋无线通信基站"的方式实现机车的智能控制以及同装车系统的协同控制。 2. 采用精确位移传感器和伺服液压油缸技术,实现自适应调节溜槽升降高度。 3. 通过多传感器融合技术实时监测装车溜槽与车厢之间的位置信息,为智能装车提供数据支撑。 4. 通过工业高清摄像头、多线激光雷达实现装车前的车厢健康状态监测。 5. 通过智能控制技术,集合复杂系统各子系统检测数据,对上料系统、配料系统、卸料系统、监控系统等进行综合建模,实现不同车型、不同车速、不同煤质下的自适应连续装车控制,并针对供料不足、车速过快、设备异常等特殊情况建立应急处理机制		
解决难题	实现1人值守,无须人工操作,解决了人工操作因视觉疲劳、劳动强度高、刮碰概率高、偏载、撒料频繁等问题,提升了装车安全和质量		
取得成效	1. 减人方面。全自动装车系统不仅可以保证装车效率,更大幅降低了职工的劳动强度,从机车对位、胶带自动启停、物料配料、卸料等装车全过程实现自动控制。原本每个班需要2～3名操作员(夏季2名,冬季3名)配合完成的装车流程,现在实现只需1人值守,无须装车操作,双手得到完全"解放",解决了夜间装车操作人员因视线差、疲劳度高而出现的碰撞、偏载、撒料等问题,可节省4人以上,每年可降低人工成本支出200万元以上。 2. 增安方面。本项目所开发的面向复杂物料环境、工作环境下的全过程无人值守智能化装车控制系统,实现了少人、无人智能自动控制的目的,形成了铁路智能化装车系统成套装备,从本质上提升了夜间作业安全性,也提高了我国铁路智能装车的技术水平和装备水平。 3. 提效方面。2#装车站已实现全过程无人值守智能装车的常态化运行,已完成7万多节装车测试。通过智能升级改造,杜绝了操作员凭经验对装车溜煤槽高度、放煤时间等装车作业步骤的主观判断操作,装车偏载率由原来的1.5%降为现在的0.87%(偏载率降低42%),大大减少车皮因超偏载进行二次处理的时间。平均每列车皮减少装车时间10 min,提高装车效率15%,提高了装车质量		

案例 20　国神公司选煤厂基于智能加药控制技术的药剂添加系统研发应用

项目名称	国神公司选煤厂基于智能加药控制技术的药剂添加系统研发应用		
项目完成单位	国神公司上榆泉煤矿	项目金额	93万元
项目开始日期	2021年7月21日	项目结束日期	2023年3月21日
项目完成人	郝相应、宋万军、吕文韬、蒋涵元、白龙、张鑫		
技术联系人	姓名　白龙	职务	技术员
	联系方式　17735061938	电子邮箱	846052161@qq.com
获奖信息	2022年国神公司科技进步奖优秀奖		
案例概述	该案例来自国神公司级科研项目,在上榆泉煤矿应用。关键技术有:浓缩池运行情况数据检测技术、浓缩池高效运行评定结果与运行参数之间的逻辑关系设计、智能加药技术、煤泥絮凝健康运行工况分析算法。将浓缩沉降过程检测、智能逻辑控制、大数据分析和智能加药控制方法组成的智能控制系统应用到煤泥水浓缩沉降过程中,能够将泥层界面高度和扭矩压力控制在工艺设定的范围内,并基本上避免在人工控制模式下每天会出现1~2次的不达标煤泥水溢流问题		
适用条件	该案例适用于具有煤泥水处理环节但处理方式是以人工利用透明探杆探测煤泥厚度或需要人工控制絮凝剂添加的选煤厂		
主要做法	结合上榆泉选煤厂实际情况,研发一套煤泥水处理过程健康运行及药剂智能添加系统并应用,该系统根据在线检测的各项参数,如浓缩池絮凝效果、溢流水浓度、泥层厚度、耙机扭矩压力等,通过采用大数据对煤泥沉降过程健康运行实时分析,运用研发出的智能加药控制算法,实时调控加药量,实现加药量最小、沉降速度稳定、浓缩机底流浓度稳定并满足压滤设备入料需要的目的,达到最优效果。具体如下: 1. 对浓缩池运行情况数据进行监测。首先对两个浓缩池中耙机扭矩压力的数据进行传输和矫正,安装超声波脉冲泥层界面分析仪测量泥层界面高度,采用Profibus DP通信实现絮凝剂制备、输送系统、新增PLC之间的数据通信,通过中控室的监控计算机实现模拟量和开关量的读写,实现对水池中污泥层高度的测量。 2. 确定浓缩池高效运行评定结果与运行参数之间的逻辑关系。根据设定的泥层界面目标范围、扭矩目标范围以及扭矩的测量值,建立以浓缩机底流浓度为控制目标、泥层界面控制上限和下限设为输出的泥层控制范围智能设定模块。 3. 实现智能加药。根据已经建立的浓缩池高效运行评定结果与运行参数之间的逻辑关系,通过控制加药输送泵频率和输送泵启停,实现在设定目标范围内控制泥层界面的功能。		

续表

主要做法	4. 煤泥絮凝健康运行工况分析算法。根据在线检测的浓缩池煤泥水各项参数,对浓缩池煤泥絮团、沉降速度、澄清层厚度、底流浓度等各参数进行分析,采用大数据分析方法对煤泥絮凝健康运行状况进行监控,并将煤泥絮凝沉降效果和溢流水浓度划分为"很差""较差""正常""转好"四个等级,根据等级实时调控加药量,实现加药量最小、沉降速度稳定、浓缩机底流浓度稳定并满足压滤设备入料需要的目的,达到最优效果
解决难题	将泥层界面高度和扭矩压力控制在工艺规定的范围内,并基本上解决每天因人工控制出现 1~2 次的不达标煤泥水溢流水的问题,实现了实时调控加药量,沉降速度稳定,浓缩机底流浓度稳定,且满足压滤设备入料需要,同时降低了絮凝剂消耗量,节省了生产成本
取得成效	1. 减人方面。煤泥水处理过程健康运行及药剂智能添加系统的应用代替了人工,既能够有效避免絮凝剂加入量过大导致的煤泥沉降速度快、泥层界面低、底流浓度增加、浓缩机扭矩增加等情况和"压耙"事故;又能够防止絮凝剂加入量小、煤泥絮团效果差、煤泥沉降效果差、泥层浑浊且界面升高造成溢流水不能满足生产要求的情形。每班节约 1 个人工,全年可减少 3 名作业人员。 2. 增安方面。煤泥水处理过程健康运行及药剂智能添加系统的应用减少了现场作业人员,降低了企业安全管理风险,符合企业"无人则安"的安全生产理念。 3. 提效方面。煤泥水处理过程健康运行及药剂智能添加系统可以将底流浓度调节到最佳,能够保证在不缩短滤布使用寿命的前提下最大限度地缩短压滤周期,提高了生产效率。同时每年可节约絮凝剂 400 余 t,节省成本 200 万元,间接提高效益